把每个平凡日常，过成美好时光

素手纤云 著

天津出版传媒集团
天津人民出版社

图书在版编目（C I P）数据

把每个平凡日常，过成美好时光 / 素手纤云著 . --
天津 : 天津人民出版社 , 2018.7
ISBN 978-7-201-13340-9

Ⅰ . ①把… Ⅱ . ①素… Ⅲ . ①人生哲学—通俗读物
Ⅳ . ① B821-49

中国版本图书馆 CIP 数据核字（2018）第 084712 号

把每个平凡日常，过成美好时光

BA MEIGE PINGFANRICHANG GUOCHENG MEIHAOSHIGUANG

出　　版　天津人民出版社
出 版 人　黄　沛
地　　址　天津市和平区西康路 35 号康岳大厦
邮政编码　300051
邮购电话　（022）23332469
网　　址　http://www.tjrmcbs.com
电子邮箱　tjrmcbs@126.com

责任编辑　赵　艺
装帧设计　门乃婷工作室

制版印刷　河北鹏润印刷有限公司
经　　销　新华书店
开　　本　880 × 1230 毫米　1/32
印　　张　8.5
字　　数　200 千字
版次印次　2018 年 7 月第 1 版　2018 年 7 月第 1 次印刷
定　　价　38.00 元

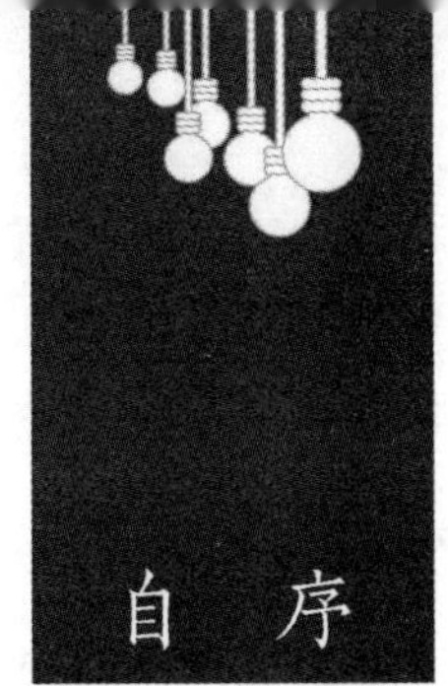

自 序

1

2017年，好像是我的幸运年。

这一年我去了很多想去的地方，见了很多想见的人，又不断在文字里升腾了抒写的热度，在灰暗的色调中开出了一丝妖娆，活成了自己喜欢的样子。

有报社采访时问我：在这个很多人连书都不愿意读书的浮躁时代，什么原因让你坚持写作呢？

什么原因呢？

文字的世界里一直有悲喜、有寂寞、有薄凉，但它是定心丸，能让人心生温柔与勇敢。笃定地立于尘世，且胸有松涛，不偏不倚！

经常有读者留言，看你的文字，常猜测你是个什么样的人。

哑然，沉思，回顾，试图去认识、了解，也很奇怪自己在别人的衡量中是个什么样的人。也是在这个过程中明白了，坚持简单朴素有时比沉醉繁华更艰难，无论是精神或物质。

2

一个人的夜里，时常捧着书而心生喜欢，那些文字里的相遇就像一场风追着另一场风跑，刚刚好。

这一生，谁都有过追着风跑的经历。

我也追过。在那些仓皇无助的日子里，不合群，不热闹，一个人去远行，喜欢陌生与隔阂，喜欢人与人之间的淡薄疏离和自己的格格不入。

其实，一个人选择了什么样的生活方式，并不重要，看不懂也没关系，就像我们喜欢看《画皮》，是因为不知道那张人脸后面到底是什么，妖精之所以迷人，是因为别人看不清她的面目。人也一样，都有自己的生存之道，无论依附、任性、

唯我独尊还是八面玲珑，能为自己负责就好。

现在，很多人把“争”字写在了脸上，没有谁那么容易接纳谁，或被他人所接纳。

我学会了暗自使出百分百的力气，呈现出来的，却是百分百的轻盈。

这些力气，凌晨四五点的星空见过，暗夜昏黄的路灯和悄然飘落的雨也见过。有时赶稿，挑灯夜战，晨昏颠倒，天亮了，除了神情疲惫，依然笑着，像什么也没发生一样，除了书桌上那日夜增加的纸张厚度。

一个终日奔波在职场和家庭间的女人，想在两点之外再坚持走心的热爱，的确不是容易的事，所幸能坚持下来。每晚在灯下写字，总是胸中奔涌万千，下笔如倾。虽然写不出什么惊天地、泣鬼神的作品，却也收获很多，因为文字分享的机缘，无数次遇到有缘的灵魂。

有一位二胎妈妈，老公是妈宝男，她对他失望，对婚姻失望，甚至对人生失望。离，舍不得孩子；留，拗不过内心。相遇后有了疏导，知道人生除了遵循内心，更多的顾忌是身边与她有丝缕牵绊的人，比如孩子。

有段时间她杳然无声，却在某天深夜留言说正试图与老公缓和关系，虽前程未卜却好在有了希望。

有女生留言，刚刚和老公吵架时，内心满满的委屈，看了文章后对老公充满了深深的歉意，学会控制情绪和止息战争，没有一味地停留在愤怒受伤的旋涡里。

有刚毕业的年轻人，因为前程虚渺，又不愿吃苦，偶尔遇见，知道这悲欢岁月里的浮华人生，只有自己才是自己的摆渡人。

……

还有很多关于情感、人际的交流，这并不代表我懂得多，而是文字用心了，于谁都是一种慰藉。

初时写文章，并没想这么多，只想把内心的东西透过指尖散发出来，却未曾想这些小故事赋予的生命，比文章本质更有意义和温度，我很开心！

生活里，谁都会有情绪失控的时刻，犹如内心狂奔了万匹烈马，一不小心就遍地黄沙，再回头找不到来时的路。所以，如果能打开心扉，说说话；遇到有缘的灵魂，聊聊天，彼此温暖，就是好的。还能记起少年的自己，一束马尾，体态轻盈，脸上挂着纯真的笑，整个人简单明了。然而，岁月让我们长大，心灵深刻、思想复杂，遇到了一些知己，又离开了一些朋友。就像现在的你经过我的旅程，或许在我的文字里停留过一阵子，我们一起看人间，观日落，赏烟波浩渺，听细水长流。

你说："我喜欢你。"

我说："谢谢，我也是！"这就够了。

如此，我依然会在内心存一份留白，守一些钝感，那是我自己的天地。

有时，我问：我了解自己多少？

我想，很多。我不爱高跟鞋，只爱棉麻布衣；我崇尚远方，却又自封在弹丸之地；我朋友不多，交情却个个用心至极；我有一颗向往远方的心，却囿于性格，碍于环境，止步不前……牵绊不能让我的执着更久，我不懂有钱的欢悦，但明白简单的快乐；虽接地气却鄙夷庸俗，崇高尚又不屑虚伪；体内时常涌着一股不可救药的热情，却对所有人都保持安全的距离；自认有完美情结，却也能接纳人性的某些丑恶。

还知道美好的东西都是适度的，像月光，不热烈，不炫目，一抬头就能感受到它的温度。

3

岁月很长，生计琐碎，人生无定，只有自输养分，追求简单的快乐，不再执着于那些此生彼长在情绪里的杂草，留恋文字里的嬉笑怒骂和贴心贴肺！

时至今日，我依然喜欢那个柔软笃定、执着无畏的自己。

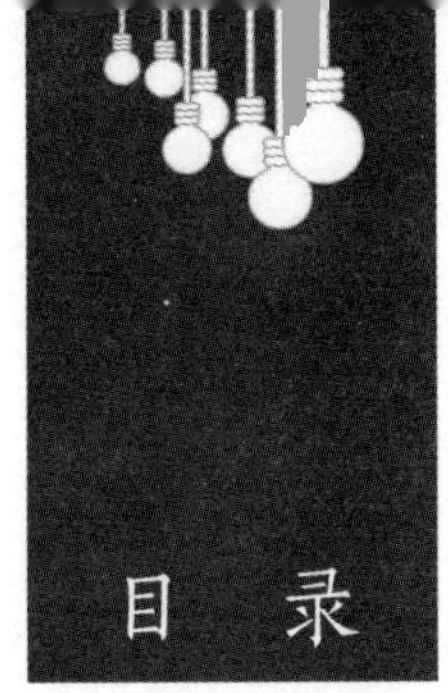

目 录

辑一 有思想的女人，过的是不一样的人生

辑二　你的美貌不敌你的热闹

辑三　我不取悦世界，我只取悦自己

辑四　最曼妙的风景，是你温柔的样子

辑五　最简单的美好，是对日常的深情

辑六　好女人盛开在光阴里

辑一　有思想的女人，过的是不一样的人生

世间，
快乐才是最大的事

有一个“90后”小朋友最近很衰，先是工作失误被炒，后又失恋，好像全世界都负了她，脑门上刻着悲哀，令人避之不及，她像个无头苍蝇一样问我：“怎么破？”

我想了想，回复她一句：“这世间除了生死，一切都是小事。”

很多人拥有美丽的容貌、高端的职业、远扬的名声、可观的收入，却没有能力让自己快乐，而是整天沉浸在一些鸡毛蒜皮的琐事里不开心。

如果这样，不如去看看那些被命运折磨得九死一生的人，再不然，就去看看那些在鬼门关前向死而生的人，在他们面前，你还有什么资格说不快乐？

这样的道理，是我从一位医生朋友身上得到的。

她每天救死扶伤，虽然对于死亡早已见怪不怪，但是职业的快节奏令她每天心情极度压抑，工作时间黑白颠倒，周末时上班，节假日值班，甚至大年三十别人在家开心地吃团圆饭、看春晚时，她却在重症监护室抢救病人。

心情不快乐，休息也不好，导致她神经衰弱，发际线后移，时常心情焦灼，她调侃自己解决了别人的千般忧，却补不了自己内心的一个洞。

可是某天，当身边那个关系最亲密的同事因为劳累倒在了手术台下，再也没有醒来时，她才如梦初醒，“人间事事不堪凭，但除却，无凭两字”。活着，本来就是一件辛苦的事，又何必再为“辛苦”加戏，慢慢地，她开始琢磨一些养生解压的方法。

以前下班时归心似箭，恨不得立刻飞奔回家，现在知道爱人会早早到家，儿子也会安静地做作业，就在沿途看看风景与行人，连上音乐耳机，连心跳都平稳了许多，回家后性子也温和柔顺了些，家庭的氛围也因此好了许多。

情绪好了，休息自然也好了，每天晚上睡前泡脚，喝一碗养生粥，慢慢改善后的她，整个人越来越安宁了，她知道世上总有一些事情自己无能为力，所以也不需要去费气力，但是有一部分仍是可以改变的，比如心态。

一个人，尽量让自己活得轻松些，让青春多留下潇洒的印痕，平稳地滑过岁月，步入中年，这样才能不枉此生。一个人，总要学着快乐一些才好，因为快乐能带来好运。

日本“八佰伴”的集团总裁和田一夫，曾在72岁那年遭受了严重的挫折。

他为之奋斗了几十年且已成为日本最大的零售集团，却一夕破产，天下人对这个大企业家灾难性的失败，议论纷纷。

有人认为他必将心随天命，穷困潦倒地度过余生；有人认为他必将深受刺激，从此过上避谈理想的晚年生活；也有人认为他一定不堪一击，可能以自杀来结束生命……

但仅仅一年，他又把生意做得红红火火，精神十足地匆匆行走在大街小巷。有记者采访问他为何能在一年的时间东山再起。

他哈哈地大笑起来，久久不语。

记者等了好久，他也未给出答案，又忙自己的事去了。当记者再次重复这个问题时，他第二次哈哈地大笑起来，只说了短短一句：“其实，我已经给你答案了。”

记者这才恍然悟出一个道理：成功需要一颗快乐的心来支撑，微笑着，去唱响生活的歌。别在苦难来时那么急切地封闭自己，否则找不到出口，寻不到内心——原来，你与自己隔着万水千山，所以永远不要抱怨生活给予了磨难及曲折，要知道大海如果失去巨浪的翻滚，就不再雄伟；沙漠失去了飞沙的狂舞，就不再壮观。人也一样，如果只求得两点一线的一帆风顺，生命也会失去了存在的魅力。

费尔南多·佩索阿曾经写过一首诗叫《你不喜欢的每一天不是你的》，里面有句话值得我们深思："你不喜欢的每一天不是你的，你仅仅度过了它，无论你过着什么样的生活，你都没有生活。"

的确，一年365天，究竟有多少天是真正属于自己的？又有多少天是快乐地度过的？好好活着，开心笑着，去有趣的地方，多结识喜欢的人。

北方的冬天总是说来就来了，一场大风过后，雪就跟着来了。

外面飘着大雪，我捧了一杯热茶坐在书房里，还没进入状态，小扶的电话就来了。她告诉我外面下雪了，自己刚刚做完家务，室内暖气十足，正坐在那儿看着雪花飘，所以不管你是不是写稿，只想和你分享这一刻的美好。

我隔着电话想着她的样子，人已中年，微胖，不算好看，家事琐事一摊，却如此保有天真快乐，真是好性情。

快乐这件事，是会传染的。

她性格开朗，对生活充满了向往，喜欢一切美好的东西：

漂亮的衣服、生动的爱情、纯粹的友谊、男人的诺言。她还特别爱吃，天大的烦恼，只需一顿美食，无论是生煎、馄饨、麻辣烫、手抓饼、小龙虾或是糖醋排骨，胃肠带来的愉悦早就冲散了坏心情。

而我则相反，整个人都是安静的，永远裹着一层轻灰，偶尔对世界充满惶恐与否定，与人交往，充满戒备，但和她在一起时，整个人都会变得快乐起来。

她告诉过我，生活就是一束阳光。你站在阳光中，迎着光向前看，满眼光明，身心温暖，才能倍增力量；转过身看到了黑暗，就满目黯然，暗自神伤。选择了前者，你将积极快乐地向前走，选择后者，容易悲观沮丧，举步不前。

我想象着她说话的样子，不美，可是动人、芬芳。因为她笑起来时，连眼角都带着纯粹。

一个人能否幸福，并不取决于环境，而是心情，那些说生活里只有痛苦的人，只是没有看到喜悦而已。他们看不见，比起身有残疾的人，我们肢体健全；比起孤独的灵魂，我们被爱填满；比起无法选择的困境，我们有一份身心自由；比起穷山恶水，我们身处黛山秀水；比起炮火连天，我们和平稳定，还要什么？

……

记得三毛说过，如果手里捏着属于自己的泥土，看见青禾在晴空下微风里缓缓生长，算计着一年的收获，那份踏实的心情，才是余生最好的答案。

原来，学会将烦恼放下，才能快乐。

要知道，眼前的那些小黑暗与那些在黑暗里根本看不到一丝光明的人相比，又算得了什么？

好好珍惜人生，尽情拥抱生活。当我们轻抚依然浮动的心，当我们心底还有柔情再生，当感动还可以让我们涕泪沾巾，当憧憬还可以灿烂一个梦境，当向往还能让我们怦然心动，我们才知道原来这世间除了生死，其他都是小事。

能快乐地度过每一天的人，才是真正的富有！

善于养心的女人，到底有多好

一朵花，从发芽，结花苞，绽放，枯萎，到化为尘土，这短短的时间，其实就是人一生的写照。

1

有一个知名的女性平台，是我最喜欢的自媒体之一。它的主人是一位通透的美女，她笔下的文字带着不染人间烟火的灵气，透着滴水穿石的张力。时刻关注她的我，发现她每隔一段时间总要去陌生的城市组织一些女性读书会，然后线上分享。

从她分享的照片与视频来看，那些参加读书会的女子几乎全是清一色的美女。当然并不是那些大眼、小嘴、丰胸、肥臀的网红美，而是个个看起来举止知性，气质优雅。

西汉经学家刘向说："书犹药也，善读者能医愚。"

细嚼方知，这一味治愚的药便是读书养心了，何况一群知书达理的女子，灵魂清透了，自然会让她们美上加美。

中国有句老话，叫"相由心生"，就是说一个人的相貌是由心灵决定的。

以貌取人，虽然不足取，但一个读了很多书的女人，日久天长，美好必定会长在"脸"上。即使素面朝天，也会因为书卷味显得与众不同。

2

身边有一位看起来不大合群的女子，瘦瘦小小的，每天独来独往，几乎不和"圈内人"来往，在那些喜欢热闹的同事看来，她的生活未免有些冷清，为人也过于孤僻。

某天，却被眼尖的同事在某杂志的彩页上发现了她登上川西高原海拔 6168 米的雀儿山主峰的照片。据了解，由于攀登难度很大，成功登顶者屈指可数。她背着包，和一群男人站在雪山上，悠然而立，又英姿飒爽。

许多人张大了嘴巴，这个平时看起来并不起眼的小女子，身上居然蕴藏着那么大的能量，比一般寻常男子还要勇敢，还要有耐力。

原来她谢绝那些无用的社交，只是将时间用在自己喜欢的爱好上。不管是小长假还是长假，她总要换上旅行鞋，背上行囊，去沙漠感受太阳的热情，去海边沐浴大海的浩瀚，或者去丛林感受大自然的清新与原始。

记得严歌苓在小说《护士万红》里写道：万红身上有一种宁静的热情、痴狂的专注，看起来随和却永远给人一种独来独往的局外感。

我感觉她的身上就具备这样的特质——对旅行和户外有着无比的热情和专注，看似置身俗世之外，却是隐身其间的高手。

有幸看到她在空间的签名：“山川河流都在脚下，让阳光照进心灵，让新鲜空气在胸腔回流，逢水溯溪，攀岩走壁，迎来身体疲惫和心灵的放松，旅行养心，低成本，高回报，收获海量的幸福。”

在她的世界里，生活充实美好。因为常年行走在山间，她发现花的世界无法品论公道，而人也常如此，有的花只开一季、两季，有的花只拥有一日之命，朝开暮落，寂灭只在刹那间。凝视过一朵花短暂而自在的一生，她内心对生命产生了许多不忍，她认为用自己喜欢的方式过一生，才是聪明的人。她也因此沉浸在这种柔软的洒脱中，并乐此不疲。

有位智者说过：外表越安静的人，情感越是丰富。

正如我们不知海底有多少暗潮汹涌一般，也不清楚她的心里到底潜藏着多少静流，我们只能从她有滋有味的日子里，细细品味着静水流深的人生况味。多做有趣的事，少见无谓的人。

3

养心是一门技术活，看似简单，实则不易。

聪明的女人，懂得在闲暇时读书养心。茶余饭后或夜深人静，一册在手，书中找乐，闻诗经之清雅，嗅红楼之深意。

书能解忧，更能疗饥。隔着时空，看黛玉饮泣葬花，观李白月下饮酒，陪庄周梦蝶，和木心对话。在文字里肆意穿行，摒弃浮躁，沉淀心情。

郑成功说过：养心莫若寡欲，至乐无如读书。

意思是说人生最快乐的事情莫过于读书，这样才能达到涵养心灵的作用。当然，除了读书、旅行养心，音乐也养心。

清风明月夜，闲暇午后时。

一杯香茗、半盏苓粥，或饮一壶四物汤，再有一幢临水而建的房子，周围长满开花的树甚好。当然大多境由心造，一间十平方的小屋足矣，一个人选择一首好曲子，徜徉在美好的旋律中，在音乐里赏月、观景，听风过耳，凭雨敲窗。

偶尔焦虑了，来一曲木心的《即兴判断》，在音乐里泄愤，也是一个不错的选择。

文友清清酷爱音乐，尤其酷爱古琴。她说，在人心容易流于浮躁的今日今时，古琴这般恬淡、平和的旋律，最能让人心得以安宁沉静。

它是一种禅乐艺术，借弦丝传递一波三折，一曲三叹的情感意蕴以表达动人心弦的琴韵，这种乐趣由心而生，通达心灵，随着旋律响起而宁静，感受生活的美好。

她说，热爱音乐的人，一定热爱生活。

4

很多人追求幸福，穷极一生，却不知心安即是归处。

想要幸福，先要获得心的安宁。这世上总有一片美好的风景让你沉静和向往。

其实，中医里的养生归纳了：下士养身，中士养气，上士养心。这里面的“心”，表示除了心脏之外，还有一个“神”，身体的元神在这里，人的精神、思维都由此而生。

唐代诗人王维养兰花成癖，积累了相当丰富的经验。

《汗漫录》里记载：“王维以黄磁斗贮兰蕙，养以绮石，累年弥盛，莳以沙石则茂，沃以汤养则芳。”他开创瓷盆养兰的先例，付出了很多耐心与精力。

养心也是一样。

假以时日，注重了对心灵滋养，总能散发出无穷的魅力，因为善于养心的女人，通常能洗尽铅华，沉淀浮躁。

毕竟读书能增加深度，音乐能舒展情绪，旅行能增加阅历，经过了时间的浸润，整个人都能泛出香味。那香味是文字、旋律和风景，它们的养料被人吸收后，从内心折射出熠熠光辉。

养心的女人，总是心有琴弦，雅意一生。

生活里的苦，有时笑着就能走过去

1

认识 Jenny，缘于丽江的一场雨。

那天下午，我和女友刚刚入住阿布家的客栈，窗外便飘起细雨。雨天的丽江，白昼也像黄昏，黄昏则如同黑夜，路灯次第亮起来，雨雾中的灯光像倒扣的一朵一朵玉兰，撩着过路的闲人。

我俩一路在雨中寻找“大冰的小屋”，那是我们心心念念盛名在外的酒吧，但出人意料的是，寻了好久都没寻到，手机开了导航，也问了许多人，仍不得。

在幽暗的小街尽头，我看到一个被浓荫遮掩的院落，门前细碎的蔷薇盛开在雨里，从仅容两人并行的窄门进去，一抬眼便看到了她。

她正站在屋檐下收拾染好的蓝布，亚麻长袍映在烟雨暮色中，像一幅画，这是 Jenny 给我的第一印象。

她看着风尘仆仆的我们，并不诧异，大概见多了这样的游人。随后她半掩木门，冒雨将我们送至“大冰的小屋”。原来她是上海人，一年前，还是穿着职业装踩着高跟鞋，穿梭在上海最繁华地带高级写字楼里的都市白领。

而现在，她系着围裙，认真地做事。

她曾是别人家的孩子，从小成绩好，大学读的金融，还没毕业就签了知名外资银行，在银行业待了六年，时常过着“空中飞人”的生活。

后来结婚生子，孩子两岁那年得了哮喘，医生说大城市的环境污染严重，最好到乡下休养。本就对城市心有厌倦的她想去乡下，老公却不同意，他不想放弃正在上升的事业，让她先带孩子过去待一阵子。

半年后，她却从蛛丝马迹中发现男人出了轨，柔情易碎，覆水难收。

她平静地办完离婚，拿着分来的钱在这买了客栈，一边做些小生意，一边和这边的人学习做藕粉。

生活很清苦，每天清洗、磨浆、过滤、沉淀、削片、晾干，每一道工序都要亲力亲为，中间只要一步没做好，口感就不行，整个制作过程极其费时费力，她却乐在其中。

晚上坐在餐桌旁，坐拥无边的宁静。桌上放着的绘画作品，是孩子临睡前特意留给妈妈的礼物。为了孩子，她知道无论如何，都要好好地生活下去。

她说过去在上海，工作加上孩子的病，心累，而现在顶多身体累，心不会累，因为能最大限度地免于受辱，戾气渐消，逐渐趋于平静，加上孩子的状态越来越好，娘儿俩能全神贯注地生活，日子反而觉得富足。过去的那些苦让她明白，人还可以快乐无边。

离开丽江那天，我们特意去辞行，看着她小巧的身影倚门而立，笑着和我们挥手，我想起辛夷坞在《晨昏》里写的："生活不是电影，生活比电影苦，电影里，只需镜头切换，字幕上出现几行小字，一二十年以后，然后红颜白发，一切都有了结局，而现在的人生，三年五载，其中哪一秒不需要生生地挨，一辈子真长。"

哪用一辈子，有些苦，笑笑真能走过去。

2

如果说 Jenny 远离闹市，离群索居，获得了孩子身体的康复和她自己心灵的宁静，那么还有人在醒着的时间里，追求自己认为更有意义的事。

比如陈原，前一阵子她的画获得了一个国家级奖项。

我听了非常开心，她是我们市图书馆的解读员，平日里看似沉闷无趣，过于专注绘画不精于仕途，不善于人事，人到中年仍是一名普通员工。有很多同行因为精明，都成了她的上司，她却不忘初心。

记得四五年前，她获了一个省级小奖，我开玩笑去她那索取一幅画，说等出名后拿去换钱。

一进门我就看到客厅里散着十几幅画，我指着其中一幅静物说要这幅，她将我拉进书房，我呆了，十平方米的画室堆满了画纸与颜料。

我问："怎么存了这么多？"

她说："这只是其中一部分，那里全是废稿。"我才看到墙角几个纸箱。她又说："这还不算，地下室还有，我舍不得扔掉。"我只看到了她轻松地获了大奖，却看不到她在无数个休息日扛着画板，遍踏野外，废了很多稿，用掉无数颜料，才能如此！

史铁生说："生命就是这样一个过程，一个不断超越自身局限的过程，这就是命运，任何人都是一样，在这过程中我们遭遇痛苦、超越局限，从而感受幸福。”

3

每年冬天，我总能在小区里看见一位穿丝袜的女人。

在北方，春、夏、秋三季穿黑丝袜很正常，但在零下七八度的冬天，再爱美的女人，因为怕冷也会将自己紧裹在羽绒服或羊绒大衣里穿行在大街小巷。

初时连续在漫天风雪的天气里遇见她，浅驼的毛衣，深咖的披肩，一条刚过膝的小 A 裙，下面是一双长靴，中间就是那一截黑灰丝袜，欣赏的同时，我难免惊叹她的耐寒能力。

她走得很快，迎风沐雪，丝毫不畏寒冷。

看得出她已不是妙龄女子了，但我却被她的从容深深吸引了。

后来，经常见她牵着一个十来岁的小朋友，长相和别的少年不同，眉眼之间的距离很宽，鼻根低平，流着涎水，舌头微微外伸。经邻居谈起才知道她原来是一个养生馆老板，生意好时，同时开了几家连锁店，但因为孩子患有先天愚型，从出生后第 4 个月，她就和丈夫一直带着孩子四处求医，市里治不好，到省里、去北京，甚至去了美国，哪怕倾家荡产也要给儿子治病。

为了省钱，她和老公轮流带孩子外出看病，后来不放心老公照顾儿子，便大多由她一人照顾。外出看病时也是只坐普通车厢、坐经济舱。

也曾在公共场所听别人劝她将孩子送进福利院，趁年轻再生一个，省得老了受罪。她淡然一笑，依然努力地给孩子治病、挣钱，训练他的自理能力。

她说，自己也曾如危地马拉作家奥古斯托·蒙德罗索的短篇小说《恐龙》里通篇唯一的话："当他醒来时，恐龙仍在那里。"是啊，每天临睡前都祈祷孩子快快好起来，醒来时病儿依然在，那种锥心之痛，怕是其他人都无法体会的。

听了这样的话，我总有想流泪的冲动。

冬去春来，她依然精致动人，只是倍添成熟淡定，那种对生命的接纳和通透直让人感叹世间竟有如此美好的心灵。

一个人如果活在别人的目光里，永远也冲不破内心的藩篱。她每天那么努力地美与微笑，因为她早已将苦难变成了生活的陪衬。

4

生活里有很多苦，除却身体与精神的疾病，其他的难题都是可以解决的。

可是，有的人在苦难来临时非常崩溃，总会弱弱地问一句："为什么偏偏是我？"询问的姿势非常低微难看，却不知原来遭遇带来的礼物和苦难收获的财富，就是：让你成为一个更好的存在。

成长与艰辛的确一直如影相随，区别是，童年时会有父母家人为我们遮风挡雨；长大后，守护的角色就换成了我们。

与其痴人说梦般期待那些苦自行消失，倒不如认真地生活，面对那些苦，笑着走过去。生死去来，一线断时，才发现过去的都是小事，活着心不必太急，困难并没有升级更新的能力，但你有。

黄昏时分，我无意间打开博客，看到Jenny写下的一首诗：

两人对酌山花开，一杯一杯又一杯。

我醉欲眠卿且去，明朝有意抱琴来。

它带来的暖，不停地在我的心里翻来翻去，仿佛春波，一浪，又一浪。

有思想的女人，过的是不一样的人生

1

大 S、小 S 姐妹俩一直很红。

2017 年的 6 月 14 日，小 S 在生日夜晚痛哭：到底何德能获得你们的喜爱？甚至喊话大 S：我知道婚姻很难，但是希望你们可以撑到最后一刻。此前两天大 S 在微博为老公汪小菲庆生时写道：“老公生日快乐，我长白发了，所以我们已经白头到老了，为你千千万万遍。”另配无数个小红心。

姊妹俩很有意思，小 S 看起来没心没肺，豪迈搞笑，实则胆小怯懦。

而大 S 过去永远是小公主的人设，却是个又美又狠的角色。她一直享受着照顾妹妹的过程，永远操心演艺前途，在西门町租房子卖过衣服，在最好的年纪里演活了偶像剧，勇敢地与一段不合适的恋情分开，让人看到她柔弱的外表下藏着一颗桀骜的心。

很多人都赞大S的情商高。

前段时间她因剪了短发上了热搜，网友问："你不是视发如命吗？怎么舍得？"

她说："唯一不舍得是孩子生病，其他舍得得翻天。"包括承认婚后遇到真爱舍得离婚，当然喊话汪小菲是她的最爱。言语中处处流露出当了妈妈的无私和成熟女性的分寸感。

她不抱怨，没借口，只是一路从容优雅地过日子。

有人说大S这种女人嫁给谁都不会错，因为她擅长经营，并且知道自己要什么。

2

生活里有很多嫁得好却活得糟心的女人。

宁子和老公结婚时很幸福，公婆家世殷实，婚房早早置办好，宁子很懂事，生孩子都没让他爸妈操过心，可是婚后她才发现原来那个在眼里千好万好的男人，毫无担当。

孩子出生后，白天他借口家远在食堂享受单身生活，晚上进家就嫌弃有一股尿臊气；要么指责孩子哭闹，要么埋怨她没有别的女人能干，一个孩子也带不好；还会指着她下垂的胸部嘲笑，调侃屁股那么大，腰还那么粗。

在一起时毫不顾忌她的感受，和大胆的女孩子眉来眼去，微信里公然出现很多打情骂俏的人——他长得很帅，却徒有其表。

但宁子却舍不得离开他，说他是自己唯一爱过的男人，是孩子的爸爸，只要他能每月将收入一分不少地交回家就行。

总之，除去那些不好，剩下全是他的好。

但婚姻里的不安全令她夜夜失眠、天天心塞，每天在朋友圈里“围追堵截”着他，犹豫着，痛苦着，却从未想过离婚。

孩子上幼儿园时，为了入托的事，宁子四处奔波，回到家却满目冷锅冷灶，他像什么事都没发生，不出力也不过问。宁子突然感到死了心，却发现儿子开始依赖爸爸，过去为自己忍，现在又为儿子忍，不知道这种死不了，看不到头的婚姻何去何从。

世上最难的事也许是认识自己。有些女人天生怯懦，怕黑、怕动物、怕男人、怕未知、怕自己，想要安全感，对自己缺乏信任。因为渴望心有所依、有人陪伴，渴望有一个安静无浪的港湾，才更多去依赖别人罢了。

3

活着有很多种姿态，但最美的一定不是依附，而是自己能掌控人生，有思想地活着，不怕进化、不惧改变，不怯化蛹成蝶时的刺痛。明白女人与男人是两个体，相互交集又能彼此独立。

那些有思想的女人，大多活得如参天大树，傲然独立，反之，像藤蔓般缠绕在婚姻里，没了自我。

诚然，各人有各人的活法，但无论哪一种，都要真实从容，否则总会猝不及防地遭遇来自生活的痛击。

梁启超说过一句话："太阳虽好，总要诸君亲自去晒，旁人却替你晒不来。"

这便是生活的真相。

你想要幸福，必须在不断前行中用心地、努力地、不断地争取与改变。这样，才能在平淡的日子里，和爱的人坐在太阳下，一起慢慢变老！

只言幸福，不诉沧桑

织锦繁华的岁月里，我们都向往体面的生活。

有人，只是追求身体的体面；也有人，向往内心的体面，其实，最高境界是身心都体面。

1

薄暮时分，有蝉亮烈的叫声。

在一场会议中，我偶遇朋友栗子。她看起来有些憔悴，但眼睛里的光芒告诉我重逢的惊喜。我们很多年没有联系了，这些年各忙各的生活，一度失去了联系。

我早已从其他朋友那里得知，她几年前离婚了，离婚时前夫分得了大部分家产后重组家庭；母亲过世后，她一个人带着孩子过，在商场工作的她收入并不高。

经历了欣喜与激动，我忍不住地问她：“你这些年过得好吗？”

她顿了一下说：“我很好啊，在商场虽然收入不高，但足够生活了。孩子成绩不拔尖但很稳定，我和同事们相处得很好……”

说来说去，都是些快乐的事，她只字不提母亲去世、婚姻不顺之事。

我心疼地对她说：“栗子，我知道你这些年的不容易。”

她微笑：“我们只言幸福，不诉沧桑。”

我心里忽然一暖，这才是我认识的她，依旧是那个快乐的女子。她说，有些事不堪回首，就不要想了。

“只言幸福，不诉沧桑。”说起来云淡风轻，真正的生活比这八个字残酷多了，但她看起来这般坚强，又笑得那么得体。

我喜欢她的生活态度和人生领悟。很多人太喜欢诉苦了，有一点不开心的事到处说，最后弄得自己仿佛真的陷入了水深火热中，生活被笼罩了层层阴霾。

其实，幸与不幸常在天不在人，而觉得幸与不幸，却在自己了。

2

什么是女人真正的体面？

不论贫穷或富贵，即便生来贫寒，也自知而贵，从来不妄自菲薄或与别人比较，更不会轻易让别人评论或插手自己的生活。

有一个女邻居，超喜欢倾诉，逮谁是谁。张嘴就是自己每天辛苦，工作太忙，同事不好相处，老公不省心，天天晚归，孩子成绩也不好，这么小就爱打扮……

开始我总站在那儿听她唠叨，时不时安慰几句，后来颠来倒去的就是那些琐事，再见就避之不及，唯恐打开她的话匣子。

那天，我下班，刚好见到她和另一位熟人说她加班后回家看到老公饭没做、碗没洗，婆婆又住院了，小叔子一家也不出面，真是命苦，摊上这么一家子。

我们这些人集体见证了她最不体面的一面。

其实，她有体面的工作，女儿生得美，老公事业有成。但听她说得多了，现在见到她老公，脑子都浮现出他在家“葛优躺”、脏袜子乱扔、烟灰乱弹的懒人形象，与光鲜体面的外表判若两人，让人厌恶。当然，这一切都来自她的喋喋不休。

只顾着自己嘴上痛快了，却不知已失了体面。

3

诉苦的鼻祖，莫过于鲁迅先生笔下的祥林嫂。

她在小说《祝福》里是一个悲剧人物。

经历丧子之痛后，她每天神情木讷、喋喋不休地诉说，只是再怎么悲惨的故事也经不住岁月打磨，当阿毛的故事变成了含在嘴里的甘蔗渣时，人们便开始唾弃了。每当她开口谈阿毛，那些人便会接过这个故事一字不差地复述一遍，然后讥笑地走开。

倾诉是有底线的，同情是带有时效性的。

虽然惯常麻木的灵魂需要不断刺激，但祥林嫂显然没有不断更新痛苦的能力，她只能任由别人对她的同情转换成漠然，然后从漠然转换成厌恶，再然后，远远躲开。

偏偏有些人用一种不体面的方式要公平，要包容，要同情。

谁不曾被辜负过？

太阳底下并无新鲜的事，哭者仍哭，歌者仍歌，这世间并无绝对的公平。

但有些人遭遇了情感危机、健康挑战和家庭变化后，却能云淡风轻，始终保有对生活的热度。他们告诉我，人生苦短，要尊重内心的真实感受，汲取善良美好的力量，对人世的纷扰淡然处之。

4

体面是一种独特的气质。

我常在一些女子身上看到这种体面，比如杨绛先生。

虽然她也随着时间的流逝有了苍老的容颜，却始终有一颗天真的心。

世人皆知她受的苦。她却永远静笃、内敛，不失体面。

雪小禅说，这种苍老天真，于世俗而言，是一种无言的美德。原来所谓成熟，就是要学会自我治愈的能力。

我发现很多成功的人，他们的体面全来自不说、不争。那种拼尽全力用教养与格局努力地在顺境逆境都活得淡然的人，真正称得上体面。

网络上曾有一句话：不要向任何人诉苦，因为80%的人不关心，剩下20%听了很高兴。这就是人生，很多关系比你想象的复杂，除了亲人、知己，其他的人怎么看你并不重要。

你的那些不幸又算得了什么呢？

别轻易抱怨，否则在张嘴的那一刻，伤的是自己。让阳光透过缝隙，才能温暖你的生活。

5

年岁渐长，越来越喜欢亲近温厚平和之人，他们不事张扬，低调内敛近似木讷，气场却令人倍感舒畅安心。他们有着对生活的丰富阅历和饱满解读，通常只消几句言语，便可扫除来人心头多年困惑。

其实，在他们冷静、淡然的背后也藏着很多伤口，一个人悄悄地将那些不如意，在这具运行良好的躯体里慢慢接纳和消解，而那些被称作智慧和感悟的东西，就随着年龄逐渐在体内缓慢生长。

人生很奇妙，它给我们的除了美好、感动，还包含了衬托这些美好和感动的暂时的黯淡和忧伤，正是这些黯淡和忧伤，让我们懂得珍惜与宽容。

许多道理并不是聪明就可以明白的，那是人生沉浮后的顿悟，那一点生冷与凉薄，还是不要说了。我尊重那些尝遍人生百味的女子，从不展示自己的伤口，而是优雅地行走在最好和最坏的时光里。

这样才能花开满径。

愿你折腾半生，笑起来仍像小孩

1

王小波曾说："在明知道有些时候必须低头，有些人必将失去，有的东西注定不能长久的时候，依然要说，在第一千个选择之外，还有第一千零一个可能，有一扇窗等着我打开，然后有光透进来。相信那道光是存在的，你才可能在人生中某个平常而又意义非凡的瞬间，为自己打开那扇窗。"

的确如此。

夏日的小广场，隔着馥郁缠绕的栅栏，我看到一位装着义肢的女子在做复健。陪她的是白发苍苍的母亲，两人始终相隔三四米远，很默契。老太太后退一步，她便前进一步，缓慢且艰难，有几次踉跄着。她的头顶是夏日空旷的长天，身后是平整的青石路。

退一步，再进一步，她艰难地挪步，十来分钟后忽然放声呜咽："为什么会这样？为什么会这样？"声音凄厉呜咽，老太太急步上前抱住她，拍着她，像对待一个孩子。

没有人知道她发生过什么！陡然被触动，我挪不开脚步，想来那哀鸣缘于她内心藏着无数悲苦和挣扎！

在生老病死面前，我们都是柔软脆弱的生物。当我们浑身插满管子，无法呼吸或交流，吃喝拉撒唯靠别人伺候时，必定怀念过去那些尊严又美丽的日子。

但生活偏偏有《这个杀手不太冷》里的疑惑："生活是否永远艰辛，还是仅仅童年才如此？"

里昂答："总是如此。"

在你不知道的地方，总有一些人比你承受着更多的痛苦。

2

和阿加莎·克里斯蒂在《未完成的肖像》里描写自己的化身西莉亚一样，有些女人在经历过背叛的重创后，会变得麻木，对别人的不幸毫无兴趣。"西莉亚没有一点温柔，也没有任何同情，她挥霍、浪费了全部，就像她所看到的自己。"她太弱了，太无助了，以至于无法对自己产生怜悯，更无法对别人产生怜悯。

还有简爱，曾被拒绝、被嫌弃、被伤害，她一边接受命运，一边悲伤自语：“要是上帝曾赋予我美貌、大量财富，我也会让你难以离开我，就像我现在难以离开你一样。”

爱毁灭了一个人，一定是这个人被爱绑架了，香风艳酿，到后来成了毒。这毒是罂粟，越爱越依赖，之后使得城池坍塌、江山倾覆，最后的痴情买到的，却是最荒凉的破败，以及最深的绝望。

其实不然。

在小说的世界里，有很多女人沉浸、咀嚼、享受不幸，却不愿真正改变。

生活里却有很多女子，虽饱受风霜，却依然顽强地披荆斩棘。

前些天，我在一场活动中邂逅了萁。

30多岁的她，喜欢穿开司米的衣裙，看起来好似亦舒女郎。我们被安排进同一个房间，我看她一件件挂起旅行箱的衣服，每一套都是精心搭配，再看看自己每次出差总带几件百搭款，正式的场合过于休闲，游乐场又显得拖沓，她的衣服却能应景各处。

每晚临睡前，她都敷面膜，再涂上厚厚的护手霜，用保鲜膜套住，有一种难得的讲究。不熬夜，不晚起，11 点前做完手头的事，睡前看一会儿书，凌晨五点半起床运动。

出门前化好淡妆，绝不允许自己蓬头垢面地出现在别人面前。

我问她："哪来这么多的坚持？有什么动力？"

她笑而不语。

五天一晃而过，分别前，我们促膝夜谈。我才知道这个看起来光鲜靓丽、热情干练的女子身后有不为人知的苦楚与坚强。

3

大学毕业就结了婚，隔年就生了孩子。

她的痛苦随着孩子降生而来，他患有高功能自闭症，就是那种令许多父母崩溃的神经系统疾病。

最初，老公和她彼此安慰，互相鼓励把孩子带大，三五年后再生一个健康的孩子。谁知男人才一年就坚持不下去了，求她把孩子送人，她不同意，他便吵骂——平和的人变成了怪物。

他悲鸣："再看到这个孩子我都要疯了。"

她说："那我把孩子带走，还你自由。"

“离婚后，我带着孩子和父母一起生活，现在他一天天长大，口齿含混地说话，脸上的笑容越来越多，我已经很满足……”我无法把明媚的女人和命运多舛联系在一起。

她告诉我，人在逆境的时候，几乎是没有理智的。

那几年，老公离开后，生活让她措手不及，找不到方向，每天都觉得自己是最不幸的人，仿佛全世界都欠自己的，脾气越来越坏，遇事冲动，从未想过怎样和这个世界相处。

后来，她生了一场病，不算大，也不算小，虽不至于危及生命，但直到现在都还在吃药。那时，年华正盛，耐心不够，尖锐凌厉，像全身长满刺的小刺猬。

不顺心的时候不吃饭，不睡觉，偶尔喝点酒，一醉解愁。当然，和这个世界对抗的结果，就是工作没了，身体垮了。

才知道蠢的是自己，前夫和孩子都没错。

她开始独自带着孩子去做持续的康复训练，孩子很聪明，有各种各样丰富的兴趣爱好，爱读书爱下棋，小小年纪开始阅读厚厚的原著了。她如花盛开的内心，日日滋润着孩子的心田，这样的浸染才是对孩子最好的照顾吧。

她给我看手机里孩子的照片，五六岁的模样，有自闭儿童特有的识别度，有一种孤僻的沉静，目光带着具有穿透力的茫然。如同从结界中跌落的悟空，在花果山得以重生一样，她也在磨难中重生。

她说："35 岁的年纪，考虑父母与孩子，还要照顾自己，我是有多么坚韧淡定啊，我都要爱上自己了。"

她美到无惧，迎风沐雨，坚持应对，真是不容易。

文友苏小旗在文章里说过："残缺与苦，都是活着的常态，如果不能完整，那就尽量让缺口圆润不伤人，如果不能苦尽甘来，就学会苦中作乐，这就是光亮。"

4

看过一篇短文：纽约 25 岁的模特玛拉遭刀片毁容，脸上被缝了一百针，受伤的那天晚上她便召开了记者会。

她说："每个人都有疤痕，我的，看得见。"

多么强悍。

谁没有疤痕？

她的伤疤在脸上，别人的在心头。

她说："要学会处之泰然，心里纵然有诉不完的苦衷，也不必再提，抬头活下去才是正经。"

淡淡一句话，让人能看出她胸中有万千沟壑。

镜头下裹满纱布的脸艰难地笑出来，竟坚强得让人心生恍惚。

5

老年的罗素说：“当我们老了，才知道，我们有所惧了。”

过去并不懂，随着年岁增长，才明白他的意思。因为时间像个调皮的孩子，孤单地往前走，扔下一批又一批的人，直至全部遗忘，而我们需要在适合自己的能力里去寻找最接近本真的知足。

我陪时间，一起终老。

记得电影《甜蜜蜜》的结尾处，历尽沧桑的李翘和黎小军在陌生的街头，因为邓丽君去世的新闻，两人在橱窗的电视前驻足，微微侧身，惊愕，相顾无言，然后，是相对意味深长的微笑。眼神清澈，无辜——有着半生纠缠的释怀和如释重负的了然。

那些活得审慎自持的人，终让你心生敬意。

唯愿折腾半生，历经千山万水后，能相聚有时；盼离别有期，不纠结、不彷徨、不迟疑。

这样，才能笑起来像个小孩。

你的未来，藏在现在的人生里

1

刚过 35 岁时，我发现身边的人通常有两种人生状态。

一种是实现了财务自由的人。他们经济稳定，生活节奏看起来紧张又松弛，看起来整天忙碌，却又能在假期里和家人一起外出旅行度假，懂得健身养性，逐步提高生活品质，心态称得上好，身体称得上健康，日子称得上逍遥。

另一种是每天苦哈哈地计较菜品，还着遥遥无期的房贷，每周计算孩子的补课费一个小时多少钱，逢年过节时给老人的礼物是否超出预算，平时的份子钱是否超支……日子过得琐碎又窘迫。

人到中年，有时是意气风发，有时却是噩梦的开始。

这么说吧，我看到很多人的精神自杀，因为浪费自己的时间，就是自杀。这就是我看到很多“活死人”的原因，他们终将成为被强者杀戮的目标，他们是稻田里的稻谷，一动不动，不会跑也不会逃，最后等待命运收割机的一扫而尽。

这就未来世界的二分法，强者和弱者，无限战争。

最终，毁灭或是成就，与他人无关。

2

万物公平，多劳才多得。

好友的哥哥，原来只是一名普通的高中数学教师，他虽出身寒门，却懂得拼搏的意义。

十多年前，在身边多数人因为收入稳定不愁吃穿而趋于安逸时，他却在高考落榜生里看到了先机。

那时他的教学能力是真的好，先是很多熟人慕名找来希望他给孩子补课，后来他又开始张贴小广告招生。每到周末和寒暑假，家里门庭若市，从大课到小课，再到一对一，从月入千元到后来的小时费上千，收入不断提高，他却不再满足于这种生活。

他看到了复读生带来的利益，找到同行好友合计，又游说了十来位圈内人，成立了一家私立复读学校。

租房子，找生源，打广告，开始规模很小，小到只收两个班的复读生，但他却是签下了军令状，不拿自己的未来玩笑，更不拿别人的人生开玩笑。

他拼命提升自己，亲自带课，和同事研究高考战术，给学生布置题海车轮战。那一年，他几乎吃住在学校。大概是师生背水一战的决心，再加上努力，那一年来了个满校红。

真的是努力到无能为力。

几年过去了，它成了市内最有名的私立学校，最早的几个老师成了最大的股东，人到中年的他也成了最大的赢家。

有一次聊天，他说，年轻时吃点苦，受点累爱折腾都不是坏事，这样努力的人生，未来往往会更好。

3

每个人对于努力的意义有不同的见解。有的希望家人过得更好，有的则为了中年衣食无忧，还有的是为了看到更大的世界。

小莉说，我努力，是为了让自己年老的时候不那么难看。

她和姐姐小末是一对双胞胎姐妹，长得很美，年轻时嫁得都不错，十年后却活成了两个样子。

姐姐婚后守着一份工作碌碌无为，年轻时始终为了那点美斗争。中年后公司减员，因为没有什么成绩被公司分流，她开始打麻将度日，在麻将桌边任由身材臃肿，精神颓废。

而小莉却一直在奔走的路上。

这些年，她一直活得独立智慧，冷静自持，知道自己要什么，时时鞭策自己，在职场上从未懈怠，该加班就加班，能早去就早去。虽然有过被老板压榨、同事排挤的日子，但跨过那些动荡不安、挣扎迷茫的日子，日子渐渐澄明起来。

困住一个女人的从来都是眼界与格局。

见识过外面世界的她，懂得生存和活得更好的意义。在她的人生愈加精彩时，姐姐的“吃相”开始难看起来。先是孩子中考没考好，需要交 3 万元的择校费；母亲心脏病突发需要佩带一台进口的价值 10 多万的起搏器，可她连 3 万元钱也拿不出。她说妹妹有钱，理应妹妹掏这份钱。一些小的开支，小莉非常乐意包揽，但十来万的手术费却因姐姐的那份理所当然而变得不痛快。

她明白惰性久了的人，除了不愿付出和努力，往往习惯嫉妒那些比自己过得好的人，哪怕是自己的亲人。

困顿久了的心会长出牙齿。

她只看到同龄的妹妹在中年里依然美丽、有体面的工作、高额的年薪、良好的婚姻关系和优秀的孩子。却看不到她的幸福来自哪里。

她也不了解小莉口中“家与亲人，也是一个人努力的目标”的意义，更不知道幸福的反义词不是悲惨，而是困顿久了的麻木不仁！

4

有个寓言故事。

蜗牛曾经问妈妈：“为什么我们从生下来，就要背这么重硬的壳？”

妈妈说：“因为我们的身体没有骨骼来支撑，爬得又慢，所以就需要一个壳来保护我们哪。”

蜗牛又问：“可是毛虫姐姐也没有骨骼，爬得又慢，为什么它就不用背这么重的壳。”

妈妈说：“因为毛毛虫姐姐可以变成蝴蝶，天空会保护它。”

小蜗牛说：“蚯蚓弟弟也不会变成蝴蝶，那为什么它就不用背这么重的壳。”

妈妈说：“因为蚯蚓会钻土，大地会保护它。”

小蜗牛哭了，它说：“我们好了可怜哪，天空也不保护我们，大地也不保护我们。”

妈妈说：“我们有壳，我们不靠天不靠地，我们靠自己。”

一句靠自己，底气十足。毕竟靠父母，他们会有老去的一天；靠爱人，或许有变心的那一刻；只有靠自己的人生，才是最有安全感的。

吴淡如也说过：“天生若不是宠物狗，是耕牛、是战马，就必须尊重天性。

天性，才是觅食的本能。”

只是有些人永远不知道命运是掌握在自己手里的。

5

太多的人，永远无法好好地活在当下。

但对于始终保持追求的人来说，毕竟曾踏出的每一步都是未来的基石与铺垫。

努力是一种修行，它让我们见自己、见天地、见众生，经过那么多的情非得已与求不得，让我们懂得，如果一个人没有能撑得起后半生的钱，至少学会去磨炼、去成长、去付出，无论职场、人生或爱情，因果亦相同——努力没有门槛，无论从何时开始。

毕竟，曾经的 20 岁撑起了你的 40 岁。

而你的未来，藏在现在的人生里。

辑二　你的美貌不敌你的热闹

美貌只会锦上添花，底气才能光芒万丈

美，总是有致命的吸引力的，而有底气的人生，更是妥协而温暖。人生需要自省，经历过喧哗与华丽，收起所有张扬，那份美，在暗地里，发出优雅的光。

1

很多年前我便认识了奈奈。

那时，我陪弟弟在人才交流中心求职，刚好碰到她。他们俩是同学，她给我的第一印象是：丑。个头矮小，皮肤暗黄，国字脸塌鼻子，一张口说话满嘴的四环素牙，是个学机械的乡下女孩。拿着简历站在那儿一副不知所措的样子，看来又碰了壁。

后来我再也没见过她，偶尔想起来也只是感慨，一个出身寒微，不好看又没有多少才气的女孩，过几年可能会随便找个人嫁掉。

因为那次被她的落寞打动，我常向弟弟打听奈奈的状况，知道她一直很努力，专升本了。过了两年，听说留校当了辅导员，又听说考上研究生了……

直到去年，意外在一次活动中见到奈奈，如果不是她对我自报姓名，我根本认不出来是她。依然小巧的个子，但身材凹凸有致，十厘米的高跟鞋踩得进退自如，妆容精致。当然，五官还是很普通，但举手投足间光芒四射。

我们聊了很久，我掩饰不住对她蜕变的惊奇。她也大方地告诉我，最初找工作碰壁时真想找个人嫁了，但当时能接受自己的人并不优秀。

咬咬牙，想起那句“人丑就要多读书”的“名言”。

她不吭声，开始默默坚持，忍受寂寞。看到很多同龄人因为年轻美丽享受着青春，而自己却夜夜一书一灯时，很痛苦却也咬牙忍住，因为知道自己选择了一条最笨拙却最踏实的路。

研究生毕业后，她留在大学任教，28 岁那年嫁给了大她一岁的同校老师。

比起那些天生丽质的女孩，她几乎一无所有，没有背景、学历、颜值，只有不曾停下的脚步。

在这个看脸的社会，她却清透明澈、温润坚持，把孤独当作生命的礼物，一直行走在追求自足的路上。

2

很多人喜欢徐静蕾的温暖感性。

我却更喜欢她的不徐不迎、独立自信的模样。

当年的“四大花旦”中，赵薇和章子怡都做了妈妈，周迅也早嫁作他人妇，只有徐静蕾仍是一副悠然淡定的模样，她恋爱却不结婚，不结婚却冷冻卵子，为日后做妈妈准备。这个小女子，注定和别人不一样。她无视世俗，也不迷失在别人的目光里。

她说：“我并不推崇我的生活方式和态度，你跟我不一样，我接受，你 20 岁结婚生孩子，我祝福你。你不干事业，天天做男人背后的女人，我也支持，只要你觉得开心就好。”因为自己才气满满，一直活得“招摇”又淡定。

开始她并不起眼，无论外形、灵气、起点与作品的发力都不是最好的，但她最终活成了最不主流、最特别的一个。

说她特别，是因为很难被复制。她有一脑的文艺情结，写得一手的好字，主编过《开啦》电子杂志，当过博客女王，戏演够了又做了导演。每一样都做到极致，半生在各种角色中自如转换。虽然活得越来越透彻的她，并不在乎那所谓的名气。

38 岁以前，她很拼。

38 岁以后，离开娱乐圈，给自己放了两年假，去纽约读书充电。迈入 40 岁以后，她更加不急不忙——吹玻璃杯做陶艺，手工裁缝做包做衣，抽空还完成了新作品的拍摄。

她活得炫目。自由，随性，积极向上，又从容豁达。

因为她有炫目的资本。每个人都有选择生活的权利，但她的积累，让自己达到了那个可自由的度。

所谓积累，离不开自身努力。

谁都想在未来活成她的样子，却不知除了运气，还要有她的勇气。敢破敢立，有底气，才能从容过活。

3

蜕变，是需要时间的。

这句话用在小谷身上也很合适。

两年前，她怀揣一张三流院校的毕业证求职无门，在小城绝望了，跑到省城，最后为了不挨饿留在一家酒店做前台。

和几个好看的女孩每天站在那儿对着客人笑啊笑。

有一天客人对她揩油，她再也笑不出来了，她想结束那有点浑蛋的人生，这个想法让她斗志昂扬。

晚上在出租屋整理在校时发表过的东西，内心有了底气。

她辞了职，每天在地下室，用电饭锅将白饭和菜混在一起煮，这是一天的饭。然后戴着耳塞打开那台淘来的二手电脑，敲啊敲。

虽然退稿退到想吐，仍是觍着脸向编辑索要栏目要求，细细研究。

在写了无数废稿后，有一篇终于变成铅字。那天她理直气壮地请自己吃了一盘麻辣小龙虾和青椒小炒肉，因为天天白饭混菜已吃到反胃。

上帝只要打开一扇窗，就不会再关上了。

她的稿子越发越多，又超有耐心，有时版面缺稿了找她，临时抓她写一夜也乐意。渐渐笼络了很多编辑，他们都知道有个小姑娘文笔好，脾气好，要的稿子从不拖欠，不怕改。

慢慢来了约稿，开了专栏，有了养活自己的底气。

后来有出版社找来。

新书首次发布会上，她说：“站在台上的自己感觉像个发光体。”

谁都渴望有光芒加身的时刻啊！

只是钻石发光以前全是原石，要经过切割、起瓣、抛光，磨啊磨才能成形，其实磨的过程就已距万众瞩目的时刻不远了！

4

很多美女们自恃天生丽质，放弃努力与梦想，一生甘于让美貌随着时光流逝。也有些相貌平平的女人，每天给自己灌输这样的观念：“提升了自己又怎样？还不是被男人挑来选去？赶紧找个男人嫁了吧。”

国内女孩大多对年龄有着天生的惶恐，希望能在很年轻很年轻的时候择良人而嫁，为一纸婚书捆绑。其实，那只是一个人的价值体系，单单建立在年龄以及由其衍生出来的种种欲望上，才会患得患失。

聪明的女人，不愿活成千人一面，你策马奔腾，我闲庭信步，你封妻荫子，我归守田园，你有你的追求，我有我的选择。

这世间，唯有才华与能力才能确保一生无虞。随着眼界与情商的提升，每天防晒补水，睡前倒立半小时瘦腿，努力提高颜值。然后全身心投入学业或工作中，风雨无阻，年华无欺，活生生地为自己杀出一条血路。

因为她们知道，美丽或许能锦上添花，而底气才能让美更持久、更炫目，且光芒万丈！

通透的人生，不过在进退之间

1

几个月前，某报社采访我。

一直和我保持联系的是一位女编辑，我们来回地商议版面，交流采访内容，无论何时交流她都给我一种温婉谦逊，和风细雨的感觉。

采访稿最初定于6月中旬的版面，一整幅，准备配五六张生活照。她却在某天深夜发微信告诉我，因为准备的内容不足，照片不够，稿件重组时间来不及，想改版，可能缩水，可以吗？

我说：“好。”

她说：“如果您喜欢最初的设计，并坚持，我们就不动了。”

我也是个随性的人，说怎样都行的。

过了一会儿，她又发来长长的一段话，先是抱歉因为自己出了一趟长差，将这个版面搁置了，加上没及时和同事安排好，所以才有了小小的变动。她一遍遍道歉，我并未觉得什么，却仍为她的道歉而感动。

后来收样报时，寄件的小编辑和我多聊了几句，我提到她的姓名，小编说那是我们的副总，报社的二把手，我惊呆了。

她说："我们副总是一个认真的人！"

眼前慢慢浮现出一张清俊的脸，那份眉目间透出的认真态度如皎皎月色永远挂在了我的心间。

2

低调的人，大多举千钧若扛一羽，拥万物若携微尘。

记得《射雕英雄传》里，有一段周伯通又跳又鼓掌又笑说："妙极，妙极！你什么黄老邪、郭大侠，老实说我都不心服，只有黄蓉这女娃娃精灵古怪，将她列为五绝之一，真是再好也没有了。"

众人听了，皆为一怔，因为说到周伯通的武功之强，世人皆知，却因为他的天性烂漫与毫无心机，知晓他好武，却从无争霸扬名的念头。所以，高手们也很少忌惮他，却不知他看似疯癫，论身心的武功修为，却远在“四大高手”之上。

有书记载，道家发展有三个阶段，一是避世，二是规律，三是超越，从一个更高的观点看世界，人凌于万物的状态，便是“无我”。

周伯通的出神入化，早将“无我”的纯然天性发挥到极致，通透了，却浑然不知。他这一世，未必有东邪西毒、南帝北丐活得潇洒，威名远扬，却因为心灵简单通透得如孩子，而一直过得安宁平和。

通透的人，大多低调，看似降低了自己，实则使自身的人格得到升华。

《我的前半生》里的卓渐清，是一个很特别的角色，他是被导演安排在闹市红尘里的一个明白人，50 多岁的大叔，经历风雨人生，好似什么都活得明白，却又什么都不说透。他来去洒脱，又进退自如，说话见修养，谈吐知内涵，和商界精英聊人生，和小服务生侃八卦，知世故而不世故，对前女友长情，也能将小女生萌萌的爱慕不动声色地推开。

他的扮演者陈道明也如是，他在《我的前半生》的发布会上说自己就是个纯龙套，从头到尾都是配角。

姿态放得那么低，却仍带有主角的光环，分分钟抢足了戏。

3

含道独行，弃智遗神。

说的就是陈道明。他出身书香世家，饱读诗书，却低调、不显摆，被称为演艺圈的一股清流，很少和圈里的人来往。这份孤傲，是他坚持了多年的生活方式。

他也曾年少轻狂，35 岁那年拍了《围城》后，因为将旧式知识分子身上的那些虚伪、功利及软弱演绎得淋漓尽致而扬扬自得，却在多次讨教钱钟书先生后，第一次自卑地发现自己什么都不是了。

他不再轻易接戏，一直近乎苛刻地挑选剧本，再好的剧本只要与他的审美、价值观、情感表达相左，也定是不接。后来的每一部戏，他也无不诠释了戏骨的意义：在《康熙王朝》里入木三分地刻画了康熙大帝，在《归来》里完美诠释了那个坚守风骨的知识分子……

他对低质量的社交深恶痛绝，拍完戏，别人去喝酒聚餐，他只有一句话，我回家了，并转身就走。

面对别人的高度评价，他低调地说自己只是个“戏子”，不炒作私生活，台上演已足够，台下就免了吧。

他坚持“不做无为之事，何以遣有涯之生”的信念。淡泊名利，静心去研究演技，为家人做一些静谧美好的事，活得通透极了。而他的通透，是从了心，无论身处闾巷还是庙堂，不改初衷！

4

活得简单透彻的人，大多有趣，作家蔡澜也是这样的人。

“有人说你风流。”曾有个人这样提问他。

蔡澜笑眯眯地说，他们连风流都不知道是什么意思，根本不配和我谈。这个有着作家、生活家、美食家、电影人、主持人多重身份的名人，最乐意的是做一个有趣的人，有趣了，才能快乐，快乐，比任何名利都重要。

他最爱宋朝人蔡持正的一句诗：“睡起莞然成独笑，数声渔笛在沧浪。”他说人生似梦，富贵如烟，只有看遍世事，才能云淡风轻，又悠然如燕。有一次他夜间坐飞机，突遇气流，颠簸不止，身边的游客死死地抓住座椅扶手，蔡澜却一直在喝酒，飞机稳定后，那人问他：“老兄，你死过吗？”

他缓缓放下酒杯，说：“我活过。”

一句“我活过”如千钧雷霆，顽皮里透着铿锵有力。

人到中年后，他在电影圈摸爬打滚后的一天恍然大悟，一生做错了一件花四十年才知道是错的事，不应该一直沉迷在电影行业里。这个自称个性非常孤独的人，因为在商业与艺术之间不断徘徊，逐渐感到无味，于是转向写作，开了专栏。

除了写作，除了读书看报，给金鱼换水，侍弄花草，清晨或深夜，在不入眠时，会挥笔临摹《心经》：自性真清净，诸法无去来。

有人问："这一生，你后悔过吗？"

当然没有，因为每个人都有自己的时代。这种拥有睿智的灵魂，又有着深厚的学识与丰富的阅历的人，心如此澄明，又怎会后悔？

5

通透的人，大多情绪稳定，有一种高端的亲切和冷静的疏离感。不通俗，不特殊，不取悦别人，也不委屈自己，远离世俗的圈子，不挑剔别人错误，也不忽略他人光芒。

这样方能懂深浅，知进退，无悲喜，物我两忘，再冷暖自度。

很多人一辈子都在与他人打交道，却很少花时间来了解自己。虽然向往干净的圈子，规律的生活和中意的人，但往往在过了半生之后才能明白自己的人生一直和理想背道而驰。这导致圈子越来越复杂，生活烦琐且无规律，而身边的人也开始渐行渐远！

一个活得明白的人，必定能把生活过成自己想要的样子，活得明白并不难，它要用智慧来支撑，用学识去浇注，才能把自我沉到阒寂，懂得水满则溢、月满则亏的道理。

安静平和、低调通透，才能让自己的人生满园春色！

爱自己，
我才有资格爱你

1

《我的前半生》里有一段情节：离婚后的罗子君在超市应聘遭拒，她含泪说：“我不是和丈夫吵架了，我是离婚了，所以我需要这份工作。”瞬间泪奔，如果一个女人在婚姻里将男人视为全部，被抛弃时，就什么都没有了。

“罗子君就是一朵温室里的花朵。”阅人无数、犀利毒舌的贺涵评价道。

的确，这个曾经穿金戴银、市井气十足的罗子君一直养尊处优，因为丈夫一句“我养你啊”，毕业于名牌大学的她不再追求事业上的进步，开始过着全职太太的生活。孩子上学接送、吃饭的问题都由保姆管着，她唯一需要花力气去斗争的就是日渐松弛的皮肤和老公身边花枝招展的女孩。

然而，看似最好命、最容易的道路那头却通往极艰难的所在。艰难就是想不到七年来一直老实本分、勤奋上进的陈俊生突然婚内出轨，她才发现那些幸福原来是海市蜃楼，经不起轻轻一推。

以老公为中心，以孩子为半径，以家庭为圆画出的圈一旦被侵，对于一个傻萌的主妇来说，简直分分钟致命。

但无论怎样狗血，女人最想挽救的还是一个家，即使低声下气，也在所不惜。世事往往如此，想回头也已经来不及，即使你肯沦为劣马，不一定有回头草在等着你。

2

咖啡馆里，罗子君抛下了所有自尊哀求陈俊生不要离婚，她哭着表示："只要你能离开那个女人，要我做什么都可以。"

他却艰难启齿："我爱她，无可救药地爱她。"

她怔忡，含泪道："以前，你也是这么对我说的。"

世界坍塌时，她还不明白被圈养的动物是没有资格和野生动物谈条件的，唯有野生动物之间才有平等对视的权利，那份权利，其实是自身的辛劳换来的。

在陈俊生眼里，凌玲就是那个野生动物，他们同属一类，在职场拼搏，在生活里彼此给予温情。那份交缠，只有他自己知道有多喜欢。日久生情也好，互相吸引也罢，当情感的天平倾斜时，罗子君就已经被踢出局了。

……

绝情透骨、凉薄嗜血几乎毁了罗子君的全部意志。

这些年，她就像一只被圈养多年的小动物，在夏有冷气冬有暖气的家里，每天有保姆投放食物，然后踱着碎步去美容购物，脑袋开始变小，翅膀变短，腿的张力也日渐退化。

此时那个小三凌玲要将保护她的藩篱拆去，再让她回归野生的状态，独自狩猎来养活自己和孩子，她怎能不心生恐惧，两股战战呢？

且不说外面的丛林，是布满陷阱还是伪善？这个被过去安稳无虞的婚姻养成宠物的女人，现在连辨明是非都已变得迟钝，唯有本能地掉头往篱笆里钻，拼命地求那个男人不要离开自己。

直到她的公婆联手上门来要孙子的抚养权才激发了她的母性，孩子是命，没了家不能再失去孩子。慌了神的她开始找律师找工作，以求有一份独立的工作，能重新活过。

3

身边有很多这样的女人，比如张姐，当年她在老公信誓旦旦的誓言中辞掉了工作，留在家里照顾一儿一女，支持他在外面接工程。

后来家大业大，钱越挣越多，她开始衣食无忧，很多人羡慕她的好命。只是随着钱多了，爱情也从春暖花开走到了秋风萧瑟，男人开始有了绯闻。那个男人说："过不下去就离啊。"她却没有离婚的勇气，只是和罗子君一样，不停地强调："你说过会养我一辈子的。"

时光流转，男人的誓言经不起推敲，反复伤害下，她开始对老公的家外有家睁一只眼闭一只眼，毕竟她失去了独立生活的能力。她也就此落败，沦为怨妇。

疼痛的爱情会绵长一生。

毕加索的女人，我只记得朵拉马尔，她无数次自残自己，为的是讨这个男人的慈悲，歇斯底里和神经质都让我心疼。还有罗丹的情人，如此神经质，最后为爱情疯掉，终于崩溃……

张姐没有疯掉，她发泄的方式就是花钱，总会买回各式的大牌服饰、高档化妆品，出入高级美容院与健身房，看似逍遥惬意，只有自己知道暗夜生出的寂寞与恐惧。她活成了悲情女人，怀着破碎的心如常生活着。

如今，只希望年老的她能有个坏记性。

4

另一位女子就不是这样的，人到中年时丈夫有钱、任性，包养了一个20岁的女孩，她捉奸在床，果断收集证据，争取女儿的抚养权，好似电视剧情。

她像一位汉子，离异后自己带着女儿生活，防止坐吃山空，先是用分得的财产开了一家高档鲜花店，出售、出租时令鲜花绿植。开始很苦，经常一边干活一边哭，但她知道路要自己一步步走、苦要一点点吃，抽筋扒皮才能脱胎换骨，除此真的没有谁能帮自己。后来，局面慢慢打开，回头客越来越多，挣钱了，活得肆意潇洒。

与此同时，逢年过节或孩子生日，她不惧前夫邀请和他一同出现在各种场合，看着自己依然貌美如花，玲珑有致，再看看那个年轻时如同花骨朵一般的美少年渐渐凋败成秃头、大腹便便的老男人，她的眼底全是不屑。

然而，前夫的态度越来越和蔼，看她的眼神，越发仰慕，一次次提议："还是你最好，要不，咱俩重新来过？"

原来女人一旦恢复了丛林觅食的矫健与野性，就会美得不可方物。她懂得自由与钱的重要性，有钱，就可以将生活带入更舒适的境界，感情虽不可靠，但物质却是实实在在的。

这些能力让她淡定而骄傲。她说幸亏前半生在婚姻里受伤迷茫，后半生才能像凤凰一样浴火重生。

5

认真生活的女子，哪一个不是踩着生活的碎屑，最终抵达内心的宁静？

还好，罗子君在红尘的摸爬滚打中站了起来，一天天变得流光溢彩，她的独立与优秀治愈了情伤，开始活出不一样的丰盈与开阔。

只是剧情总是美好的，主人公总能自带属性，拥有一些厚爱与奇遇，而现实中的女人并没有那么多的神助攻，靠的只有自己。

因为不管婚姻、友情，还是工作，你跟别人其实都是合作关系，如果你不独立，或者你从来没有站在对方的角度去考虑，那么这个合作关系总有一天会崩塌的。要寻找一切机会找回独立生活的资本，幸福既不是靠牺牲与依附换来的，也不是别人给予的，而是自身把握得来的。

面对人生跌宕起伏，没什么幸不幸，迎头兜住，即是勇敢。

先学会爱自己，才有资格爱别人！

你的美貌
不敌你的热闹

1

在某节目的收官之夜，我看到了余秀华，她比过去好看多了，一束马尾，一袭蓝衣，节目的主题是青春，我居然在她的笑容里看到了久违的活泼与羞涩，那是青春的颜色。

主持人问她：“你怎样来评价自己青春呢？”

她一字一顿：“我的青春就是一个非常晦涩的青春，从我读书到婚姻，它都是晦涩的。”

青春本是一生中最美好的回忆，她却因天生残疾陷入自卑，怕别人嘲笑自己走路、坐姿、甚至吃饭的样子。出于本能，她一直很努力，非常努力。

尽管她一直经历疾病、贫困与不幸的婚姻，但内心的世界从未失序。她依然在泥土里生活，在云上写诗，阴霾的世界里也透进了万丈光芒。

主持人问她："现在你已经出了书，有了名气，如果有这种可能，如果上天愿意，你是否愿意用这些诗交换来一个正常的身体？"

我看到她丝丝停顿，艰难地表达："这些东西仅仅能证明我的才华而已，绝望还是存在的。但是交换不太可能，毕竟大街上全部都是好看的面孔，但这些面孔后面，不知道有没有一个美丽的灵魂？"

我听懂了她的意思——很羡慕那些美丽的女孩子，但更怕自己有平庸的灵魂。

2

原来外表和内在比起来，余秀华更喜欢自己拥有才情。因为"好看"并不是通往未来的唯一途径。这个世界有时很残酷，却也很公平，给了她摇摇晃晃的人生，却也给了她置换人生的能力。所有人都未曾想到，她能在绝望的人生里，开出一朵惊世骇俗的花来。

岁月如刀，她虽然总在以前跌倒的地方再次跌倒，但始终在忍耐。

她生在底层，身有残缺，又极度缺爱，偏偏拥有灵动的才华，对人生有着深刻的体验。她的作品大量描绘爱情，但她的爱情诗并不仅仅满足于对爱情欲望的呈现，也极力展现丰富复杂、个性鲜明的女性形象。

她用诗歌抒发了人生态度，有害怕、矛盾、束缚，尽管令人彷徨，但这些难过，是多少人青春的必然？

她的诗是坦率的，一如编辑刘年所说："她的内心，没有高墙，铜锁和狗，甚至连一道篱笆也没有，你可以轻易地就走进去。"

这个涅槃重生的女人，因为心有热爱，在坎坷里也有过迷茫，但她不空虚、不气馁。在欲望的盛年里，那些身心俱裂的夜晚，她从未放逐自己。她说，"我要我的身体和心一样干净，所以把欲望和痛苦都留在了诗歌里。"盛名后她选择离婚，就像画家德加和蒙克一生选择了独身，她也选择了更孤寂的生活，其实生命在多数时候因为孤寂就具有更深的意味，看似孤独，实际灵魂更丰满了。

成名后很多人把她比作中国的艾米莉·迪金森。

她说："不，我就是我，余秀华。"

现在的她不断暴露在公众视野，上节目、领奖、开研讨会、签售、接受采访。

镜头下的她虔诚、无辜、柔软，处处宛若初生。

3

电影《女人不坏》里有个经典的桥段，张雨绮所饰的角色问老板："你到底看中我的能力还是美貌？"

老板慢悠悠地回答她："你的美貌就是你的能力。"

的确，美貌负责赏心悦目，但一个女人美貌的背后折射的却是她对人生的热爱，一种不将就、不凑合的自律品质。心有这种热爱，才会对自己有着高标准与严要求。

有个词叫作"心理价值"。它是不能用金钱、物质与容貌去衡量的，它是由当事人的感觉说了算的价值，包括爱情。

夏至前，我参加了一场婚礼。

印象里新娘是个很普通的女孩。皮肤暗黄，身材矮胖，脸上有很多痘痘，也不爱说话，但成绩很好，一直很努力。

听说毕业后她留在外地，成功入职一家只有国内 TOP3 大学毕业生才有资格进入的知名企业做了 UI 设计师。几年后，她成了公司里最年轻的总监。

在这个看脸的世界，她一直没有谈男朋友，确切地说没有遇到一个真正懂她的人！

事业稳定后，她将生活安排得丰富多彩。所有的假期都利用得好好的，考潜水执照，去世界各地旅行，去过十几个国家……生活一旦纯粹，带来的那份美妙，除了淋漓尽致，还有了更深层次的收获。

那次去希腊，她在朋友圈里说自己骑车穿梭在这个古朴的小城，丝巾飞扬，发丝飞扬，感受着异国自由的格调，真心觉得生活是真的好。

她的世界太丰富，丰富到男人只占极小的一部分。

新郎是一位博士，品学兼优，智商、情商极高，对另一半要求也极高，却偏偏在一次聚会中被这个相貌平平却笑靥如花的女孩的见识、眼界、格局及热情所打动，开始了热烈追求，而她也被他的博学、沉稳所征服。

虽然不是玉人成双，却也绝对称得上佳偶天成。

婚礼上有个环节，新娘致辞："记得年少时脸上长满痘痘，总觉得自己丑，低人一等，说话都不敢看别人的眼睛，生怕遭嫌弃。如果那时整天为了几件衣服或几盒面膜纠结如何让自己变美，大概得终生抑郁，而如今的我，居然吸引了生命里最好的男人。"

她庆幸这些经历都活成了自己的嫁妆。

新郎则深情地回应："你在我眼里就是最美好的，没有更好。"原来感情有无数种可能，唯有灵魂吸引才是最珍贵的一种。

站在台上的她依然身材胖胖的，脸上还有年少时留下的痘印，却生动、热情，身上有着普通人没有的气场和让自己幸福下去的能力。

她看起来与众不同，即使不动声色。

很多人说这是个看脸的世界，这并非只看脸的世界，因为美貌的作用，并没你想象的那么大。

4

村上春树说：“肉体是每个人的神殿，不管里面供奉着什么，都要保持它的强韧、美丽和清洁。”

他的小说里，总是有那么一对女性，反复出现，一个导向安静和黑暗，一个趋于活泼和光明。

在《挪威的森林》里，直子沉静，而绿子烂漫。如此截然相反的两个人，隐喻着对男人、对现世和对自我的把握，直子拥有纯粹的自我却不知该如何珍惜与平衡，绿子却有能力直接从现世中寻找养分来滋养自我。

“像刚刚来到世界迎接春天的小动物般，从体内涌出新鲜的生命感。”这是永远的绿子。

村上君笔下的女人们，凭着一股努力的火焰发光，拼命地跑，奔跑向不可知的终点，也许这火是虚幻，是自己点燃，但奔跑是永无止境的。

美是一种持久的品质。

它除了相貌，还有气质、性情、肢体语言，都会进入大众的评价体系，但如果仅仅只有长得好看是很容易被替代的。

一个女人，无论漂亮与否，只要用心，都能通过其他途径获得美与幸福。小 F 是我的邻居，昨天她迎面拦住去裁缝铺改裙子的我，热情地将我领回家。那是我第一次见到她放在露台上的缝纫机，还有一个微型的案板、画粉、皮尺及一把大大的剪刀。

我好奇她怎么会喜欢这种老旧的手艺？

她说自己不喜欢市面上烦琐的时尚，穿着又喜欢简洁，市面服装好看，但有些细节看不中，她就自作主张地改造，言谈间看得出她很享受这种 DIY 带来的满足感。

最初拿起剪刀的一刻，是因为喜欢衣服的质地与颜色，但又嫌弃领子过于拖沓，不是自己喜欢的风格，于是勇敢地迈出 DIY 的第一步。内心有种无法把持的破坏欲望，又期待它能变成喜欢的模样。

双手在发颤中她完成了处女作，虽然裁剪的痕迹明显蹩脚，但她很喜欢露出修长脖子的别样优雅。为了 DIY 出更完美的衣服，她甚至到一个老裁缝铺里学艺，慢慢地，她学会了穿针换线及缝衣的边角，又学会了简单的裁剪设计。原来她独特的气质美藏在这种热爱里。

她享受那种自我改变的过程，追寻内心的美丽，是一生都无法摒弃的快乐。

5

很多女性，以男人和美貌来衡量自己的人生价值，却忘了在日子里不仅要保有一份天真与灵性，还需要独立思考和决断的能力，能对生活进行思索、判断和甄别，毕竟人生，要自己来负担。

无论是余秀华、婚礼的新娘，还是我的女邻居，她们都有一个共同的特点。认真做事，善待自己。这些特质让她们在俗世里，依然保有一份豁达的自信。

有人问："怎样才能活得好看？"

很简单：安静地阅读，热烈地在路上，偶尔发发呆，永远保有一份好的心态，不断提升内在，就算没有夺人的美，也会在这份执念里生出好的品质。

女人的美，可能是一种资源，偶尔能和命运交换很多东西，但能力、才情、努力、成长这些同样重要，照样能和命运讲条件、做交换。所以，好看的人要多充实头脑，聪明的人也要注意一下外表，这样的开发才双赢，然后继续奔走在路上，终有一天，我们会殊途同归。

踮起脚尖，
努力接近太阳

她那时还太年轻，并不知所有命运赠送的礼物，早已在暗中标好了价格。

——茨威格

1

莫儿两年前去了一座开满向日葵的城市，城不大，幽静中带着难得的温暖，

她开了一间“慢生活”的心理沙龙，陆续来了很多铁杆粉丝。

每隔一段时间，她就寻一处风景秀丽的山野小住，完全将自己放空，在那里更好地沉淀自己。她还参与了设计民族服饰和土布染就的围巾，质朴秀丽。她说自己虽然不是设计

师出身，却愿意设计出最丰盛的人生。

很多人羡慕她的洒脱，却不知当年的她大学毕业后回家乡找了一份工作，因为不愿再不断地重复毫无意义和新鲜感的工作，于是选择了辞职。

随后各种辗转，去过郑州、北京，换了无数个工作，最后选择了那座小城。

她在大学里选修的第二专业是心理学，她知道自己向往的生活应该是自由的，忠于自我并照亮他人。

在家人的支持下，她创办了“慢生活”心理沙龙，想把自己的人生经验、成长经历分享给更多的人，也借别人的人生能量，互相温暖。

沙龙的第一期，只来了两个人，在咖啡馆的一隅，她内心充满热情地冲泡了一壶茶，却不知客人喝下去的是寡淡还是可口。

但她明白既然走上了这条路，就要大胆地走下去，第二期、第三期，沙龙以每周一个主题的形式进行了下来，来的人也越来越多。

谁的生命没有困惑，谁不需要取暖？

沙龙本身就是一个相互分享的过程，她将所有问题的外衣剥开，也把自己剥开，让大家看自己的伤痕，也让他们知道，所有的伤痕都可以愈合，她的沙龙就是想帮助更多的人，找到开启自己生命能量的钥匙。

现在“慢生活”一直良性运转，她说我特别喜欢现在的自己，这种一直缓慢前行的状态。

人生只有一次，怎样才能不虚此行？

对她来说，最大的成功是做自己喜欢的事，过想要的生活，最初的梦想，仅仅换个方式就能遇见。

2

佛说，人来到这个世界，必须经历幸福和苦痛，人生才算圆满。

读迟子建的《群山之巅》时，我对这句话重新有了了解，它包含巨大的悲伤。

人生，不过如此。

安雪儿的遭遇，处处印证了这一点。这个侏儒女孩儿，是小镇人尊崇的“小仙”精灵般的角色，先是被强奸，昔日灵气不再，后又怀孕生下孩子，这还不算，霉运接连而至，小说以她的再次受辱收尾。

迟子建谈到安雪儿的人物原型——童年生活的小镇不远处小村里的侏儒。她说我曾在少年小说《热鸟》中，以她为蓝本，也许那时太年轻，把她写得纤尘不染，有点天使化了，其实生活并不是上帝的诗篇，而是凡人的欢笑和眼泪。

我知道，迟子建经历过爱人意外去世的痛苦，很久不能走出来，但当她终于走出个人的忧伤，便获得了博大和宽厚。她始终温润，即使在苦难里，也不愿放弃诗意。

她这样解释书名的寓意："高高的山，普普通通的人，这样的景观，也与我的文学理想契合，那就是小人物身上也有巍峨。"我想这份小人物的巍峨，就是用心过好每一天吧。

爱人刚去世那会儿，迟子建一度觉得上天极不公平，因为她说自己是一个认真生活的人，循规蹈矩，没有恶习，从不欺骗感情，而那些挥霍生活的人却活得很好，她总是想不通。后来，她慢慢地接受了命运的安排，因为无论有没有宗教信仰，都要坦然正视命运。

她希望能活到 90 岁，把要写的写了，要表达的都表达了，空间拓展到无法再拓展的那个边界，还能喝一杯酒，看着窗外的树，或是那呼啸的风和雪，然后就没了，那是她所希望的终结方式。也许窗外的树木和飞鸟会觉得：啊，有一片人间的叶子飘散了。

能拥有幸福，也要学会承受痛苦。只有走过崎岖，方知平坦；沐风浴雨，才见彩虹。

学会在阴霾里找寻温暖，在黑夜里等待光明，穿过生活的荆棘，领略一路起伏的风景，总会遇见最好的未知。

好婚姻，
浪漫如同锦上花

浪漫，无论何时，都是婚姻里的锦上花。而没有温情的婚姻，再华丽的锦，摸上去，亦是冰凉的！

1

一大早听男同事抱怨：“今天是我老婆生日，我却忙得忘记准备礼物了。”

他埋怨女人太矫情，节日太多，除去结婚纪念日、生日，还有情人节、七夕、妇女节、白色情人节、“5·20”“5·21”……简直是各种烦，想起来发个红包走形式，想不起来就置之不理，引来老婆埋怨连连。

他却不知，女人爱过节，并不是贪图礼物，而是为了光明正大地索取一份浪漫。

尤其是已婚女人，在职场与家庭的双重压力下，不堪重负，某个小节日是属于心灵放松的秘密武器。平时舍不得花钱的女人，此时也会大手大脚地花钱，美其名曰爱自己，当然如果这份心意来自爱人更好。

浪漫就像麻醉剂，能麻醉女人平日的劳累与烦恼。

哪怕平日再骁勇善战的女汉子，也有浪漫的软肋。

2

听朋友讲过他小时候，父母很爱吵架，尤其老妈更是彪悍得要命，每次都以她的大吼大叫和老爸的摔门离去而告终。那时他老妈总会说："别管他，让他走，有本事永远不要回来。"

其实不到一顿饭的工夫，老爸就回来了，经常手里拎着一条鲫鱼、两个番茄、

半颗菜花或是一把豆角。这时，母亲就会接过去做饭，火药味随着烟火味散尽。

当然隔不了多久两个人又会吵，老爸又会离家出走，通常晚饭前，他就会回来了。有一次闪进房间，将一袋什么东西塞进衣柜，气呼呼地说："我看这衣服款式挺好，又打了五折，给你妈买了一件，不然过几天又恢复原价了。"转头又嘱咐我道："先藏在你这里，别让她看见了，美得她。"

反反复复，一辈子吵来吵去的，朋友从最初的吓破胆到后来的习以为常，知道每次他们吵完后都会和好，吵架只不过是他们枯燥生活里的调剂品。

记得有一次情人节，天下暴雨，老爸一直没回家，老妈于是开始在家里念叨：

“路上滑，你爸又是个急性子，可别摔一跤，你说我中午和他吵什么呀？”

晚上十点多，门外才传来老爸的脚步声，老妈让他去开门，老爸看到是他，居然有点脸红：“满街都在卖玫瑰花，我想那玩意不实惠，就给你妈买了一串糖葫芦。”

他说，那是父母最浪漫的一次，虽然这辈子他们一次次吵架，老妈一直彪悍，

但吵架后老爸的那些小浪漫、小把戏冲淡了两人的敌意，也让他们热闹了一辈子。

3

女人都希望自己的生活浪漫、幸福。这在特定年龄段是美好的，但如果过于向往与执着追求浪漫，可能会自食其果。当浪漫披着华丽的外衣向你扑来时，要学会三思而后行。

后台曾有一位女性读者留言，说结婚后老公过于木讷，

自己的情感需求得不到满足。刚好身边有一位大她 10 多岁的有妇之夫对她爱慕已久，不断在工作及生活中关照她，还送了许多昂贵的礼物，终于在一次加班晚归后主动送她夜归，在他强大的攻势下，她脆弱的防线不堪一击，于是开始与他秘密交往。

过程中也曾负疚难过，无数次分分合合，却又耐不住内心的寂寞，每一次都拒绝不了他的联系。终于被老公发现后，耿直的男人二话不说，直接离了婚。作为过错方，她净身出户，在绝望里那个曾经山盟海誓要娶她的男人成了最后的希望，但他却不愿见她，更别提离婚了。

她一时想不开吞药自杀，幸好被家人发现救下，却不知该如何自处，于是远走他乡。直到现在她仍在忏悔自己对爱情不切实际的追求，失去了本该有的一切。

是的，有时我们放大了浪漫的美好，却不知它只是生活的调料，不能强求。

那些平淡日子里的锅碗瓢盆，才是生活中的主旋律，有它，日子可能过得有滋味，但没它，日子照旧继续。浩瀚的时间里，如何取暖比浪漫更重要，为爱人做饭，买件新衣，一起散个步，买个菜，换来发自内心的微笑，这也是一种浪漫，而且更踏实。

很多女人抱怨，婚前将自己当公主对待的男人，婚后吵起架来一套一套的，简直失望透顶。

我叹口气，谁家不是呢？

再好的老公也不可能永远体贴的如同偶像剧中的男主。爱情可能是偶像剧，婚姻却不是，但是平淡的婚姻更要用心对待，才能拥有中年的浪漫情怀。

岁月如同织锦，一段，又一段。

细草繁花的细节里，人人都会记得这些锦上的线路、绵密、景观与气息。浪漫，无论何时都是婚姻里的锦上花，因为没有温情与花心思的付出，无论再华丽的锦，摸上去，亦是冰凉！

4

浪漫始终是两性情感中最广泛和敏感的话题，钱钟书先生在《围城》里写婚姻是爱情的坟墓，切中了要害，让无数步入婚姻的人对它有深深的无奈，这是小说中人物塑造的成功，但钱钟书本人却在婚姻里浪漫无比。

他给夫人写诗，讲笑话；会在她午睡时，饱蘸浓墨，给她画花脸；会在看《西游记》时边看边比画，时而化作悟空，时而化作八戒，口中念念有词，手舞足蹈，乐此不疲。

得知杨先生怀孕时，他会说：“我想要个女儿，像你这么漂亮。”

初到牛津时，杨先生很不习惯异乡的生活，乡愁迭起。有一天早上，她还在睡梦中，被他叫醒了，原来他早在厨房里拙手笨脚地煮了鸡蛋，烤了面包，热了牛奶，又做了醇香的红茶，将美味的早餐放在小桌上端过来。

她看着这个平日不下厨房的男人的小浪漫笑了："这是我吃得最香的早餐。"

他自有顽心，却愿意陪她提着篮子买菜，帮她洗衣服，虽然每次都状况百出，但那份小心思、小浪漫却令人感动。

一辈子，是我们动不动就喜欢说的词，这种安全感，是潜意识的。其实，一辈子哪有这么简单，遇到了，是一种难能可贵的缘分。很多结了婚的人，认为领了证就是一辈子，这虚妄的安全感简直害人，婚姻里哪来什么完美？人生毕竟需要添一些浪漫的元素来维持，才能用乍见之欢，换来久处不厌。

很喜欢杨绛先生在《我们仨》里所写的："我们这个家，很朴素，我们三个人，很单纯，只求相聚在一起，相守在一起，碰到困难，我们一同承担，困难就不复困难。我们相伴相助，不论什么苦涩艰辛，都能变得甜润，我们稍有一点快乐，也会变得非常快乐。"

这样想着，女人的心才能似春天的幽兰，发出一声最美的叹息。

辑三　我不取悦世界，我只取悦自己

有限的生命里，装不下别人的人生

快乐就是每天都知道自己做什么，又过得不苟且。

1

淘宝店主小孜然是我的迷妹，她时常跑到我的公众号后台给我留言，久了，她的故事就全部倒过来了。

十年间，她三次发现老公有外遇——和不同类型的女人，最可恶的是那些女人不见得比她年轻漂亮，不见得比她性情好学历高，只是她的老公就像一个喜欢尝鲜的人，吃够了她这口苏菜，要换着糖醋、麻辣才能更带劲。

最初，她很窝囊。

因为她生了孩子后就辞了职，家用是老公给的，每天就在家里做做清洁、带带孩子，即使当初优秀美丽，被养了这些年，她早从骄傲的北雁变成了飞不动的母鸭，再没重新开始的勇气了。

久了，连女儿都瞧不上她，说她没见过世面，家长会只希望爸爸参加，因为妈妈跟老师谈话都会露怯，让她被同学们小看。

当渣男再一次出轨，好友指责她像一头被圈养到能力退化的动物，这样会毁了自己和孩子，字字珠玑，让她心生恐惧，两股战战，开始寻找独立生活的本领。

后来，还是离了婚，要了房子和女儿，用一些余钱开了小淘宝店，做她拿手的串水晶珠，居然做出了名堂。

因为是鸡年，她绞尽脑汁地设计出了十来个品种的水晶小鸡，仅是小鸡身上五颜六色的翅膀，就需要用上好的各种彩色水晶珠子来穿，所以不便宜，一只两三百元是常事。很多订户确认收货后都给她好评留言："这比施华洛世奇的新款挂坠还要萌。"

她记起当初泪流成河的狼狈局促，再看看现在女儿和自己在一起时的快乐模样，忽然间，世界就那么打开了。

仿佛时光宝盒上的封印得到解除，那些长久以来深埋内心的感受和被重视的渴求，一点点复苏，蓬勃而出占满了心田。

几乎把自己弄丢了，庆幸重新做了选择，当这些串珠小挂件能让她挺直腰杆时，世界突然就变宽了。

2

我很喜欢一句话："欲想成功，必有其梦；欲戴皇冠，必承其重。"

这句话用在杰奎琳的身上最合适不过了，她曾经的身份是美国第一夫人和希腊船王夫人，高贵奢侈。

她却在结束两段传奇的婚姻后，选择在 40 多岁成为职业女性，这样的决定一般人难以想象，但对她来说，任何乐趣都不如走进办公室，端起普通的杯子喝着咖啡，来得持久绵长。

她说："我做了近 20 年的出版社编辑，享受了很多文字工作带来的美与乐趣。"她喜欢坐在办公室的地板上，仔细排列一本书里要用的插图，在稿件的空白处写上自己的意见。

有时因为手里的稿子要赶紧排出来，着急下她穿着长筒丝袜，脚上没有鞋，从长廊上匆匆跑过，那个样子就像个女学生。彼时，她只是一个普通的出版社编辑，应对日常随时遇到的工作事件，跟普通人没有两样。

尽管在公众面前常带有矜持的表情，但她策划的书却带有创造性，因为她是一个热爱文字、享受文字、喜欢深度思考的女人。

所以，她编辑的书反映了世间万物的美：神奇的、漂亮的、独特的、反叛的，由内而外地呈现出她最喜欢的样子！

3

有限的生命里，装不下别人的人生。

我记得梭罗在《瓦尔登湖》里写过："我愿意深深地扎入生活，过得真实，把一切不属于生活的内容剔得干净彻底，简单是最基本的形式。"这个简单说到底就是从心，从心了，才能快乐。

好友的妹妹，因为优秀，顺理成章地留在北京，进名企，拿高薪，活得风光亮丽。很多人以为她会沿着这条风光无限的路向前走，继续活成大家心中的典范，却没想到，去年忽然杀回家乡考进了事业单位，结婚生子，过着简单却舒适的日子。

面对熟人的困惑，她淡然地说："这些年我一直按照父母期待的样子，活成了别人家的孩子，过得却不是自己最想要的生活，未来的路，我不想再勉强自己，因为最快乐的事，莫过于能独立选择自己的生活。"

很多人佩服她的勇气，这世间，这年头，有几人能真正做到不勉强自己？多数人活得疲惫，却为了面子与虚荣，将幸福消费在不喜欢的人和事上。工作不喜欢，却为高薪留下；爱人不忠诚，因为孩子凑合；大城市太累，却为繁华做梦。

却不知幸福，早在这个过程中打了折。

一路走下来，把自己弄丢了。

4

人生，本来就是一个不断选择的过程，但很多人不甘心被平庸绑架，不被世俗所困，似乎来到人间，总要获得什么，甘愿在漫长的人生里冒险。

今何在说："功成名就的虚荣比不上来时披荆斩棘的荣耀，如果这样的宿命真的存在，那也不要从一开始就畏首畏尾，我们要以最骄傲的姿态走向归处。

有一个女孩，她家境很好，家里为她安排了所有要走的路，只要她听话，会过得很安逸，但她没有，毕业后去了自己想去的城市，偷偷去了一家酒吧驻唱。她喜欢唱歌，希望有一天能成为歌星，但熬了好几年也没有成功，她并不后悔，因为比起成功，她更在乎的是自己有没有为热爱的东西努力过。

这和悟空如出一辙，他说："我来过，我战斗过，我不在乎结局。"比起成功，更感人的不是因你看到了前方一帆风顺才大步朝前，而是明知此去可能不再复返，仍有踏上征途的勇气。

青春里我们都有过凄冷仓皇的时刻，只有咬牙走下去，熬过恐惧，才能把命运的转轮握在自己手中。这样，我们与那些困苦之间，才无距离。

说到底，还需要健康的身体、稳定的收入、养心的爱好和内心强大的小宇宙，拥有这些不是为了成为女汉子，而是为了在不同的阶段，不跟风、不盲目、不懈怠地应对每个当下。

来，昂起头，试着循这条幽暗的通道，我们一起，向前摸索！

步履从容，快乐相随！

我不取悦世界，我只取悦自己

1

下雨天，窗外飘着苦楝树的味道。

那是一种清丽的味道，让人独自眷恋。我躲在房里，看电影《小森林》，是真喜欢。

电影几乎没有什么故事情节，淡淡地讲述女孩市子因为无法融入喧嚣的城市，在小森村度过了春夏秋冬。每天日出而作，日落而息，种菜，做菜，在家煮汤酿酒烤面包做果酱，自己吃，偶尔也请朋友过来。

乡下的生活安宁，她听风、饮雨，安排着自我生活，日子悠长、静美，甚至很少走出小森村。

市子渐渐找回让自己幸福的感觉，幸福很简单，简单得充满了春天的汤面、夏天的西红柿、秋天的核桃饭团、冬天的糖水栗子……她用这些日常的东西取悦自己，性格渐渐恬淡，每一分钟都变得充实美好起来：

“许多果子掉落地面，任其腐败，胡果子努力开花结果却毫无意义，真是太可怜了，用这些果子来做果酱吧。”

“雨久花能一直吃到秋天，剥了皮，把茎放热水里焯一下做成蔬菜。”

“还是坚硬青绿的通草果，也变成了胖乎乎的紫色，等到破口开裂就可以吃了。”

……

整部电影不厌不躁，这个不迎合世界只取悦自己的姑娘将一个人的日子过得有滋有味，因为她的美食和风景，能抗得过全世界所有的忧伤和迷惘。

心无所恃，才会随遇而安吧！

2

有个小故事：

一位诗人，写了不少诗，但发表后无人问津，为此，他很痛苦。有位禅师见了，指着窗外一株茂盛的植物问他：“你看，那是什么花？”

诗人说：“夜来香。”

禅师说：“对，这花只在夜晚开放，所以才叫它夜来香，那你知道，它为什么白天不开，只开在夜里？”

诗人摇头。

禅师笑道：“夜晚开花，并无人注意，它开花只为了取悦自己。”

诗人吃惊：“取悦自己？”

“对啊，白天开放的花，是为了引人注目，而夜来香，在无人欣赏的情况下，依然绽放、芳香自己，它是为了让自己快乐。”

一个人有时不如一株植物。喜欢把自己的快乐交给别人，所作所为只为博取他人赞赏，赢得他人另眼相看，才觉得好。其实，一个人最重要的是让自己快乐。

3

你有没有问过自己：在自己心中，最有价值的事情是什么？怎样做才可以真正取悦自己？

电影《第三十六个故事》，桂纶镁饰演的蔷儿质疑母亲：“好奇怪，存钱就是目标，环游世界就是白日梦？”这个答案，每个人各有不同。

比如我下班后喜欢大吃一顿，让满满的饱腹感赶跑烦恼；或者请个三两天的假去旅行，再多的心事也能被大自然治愈；要么周末跑去花市抱回一捧小葵菊，给自己一份好心情；或者泡在图书室用书来疗愈寂寞……

那一次次细枝末节的累积，就是一次次打起精神再战的原动力了，尽量地还原成让自己快乐的样子。

好友冬菲儿却最喜欢跑步，她说：“每天清晨我穿上运动衣，再换上跑鞋，撒开脚丫子飞奔在林荫道上，能看到凌晨闪着微光的天空，小野花顶着露水晃荡，小鸟儿在林间叽喳，空气中混合着青草与泥土的气息，早起的人或快或慢向前奔跑，我每天卷在这样的人潮里，宛若新生。”

她还去过七次丽江，据说一次比一次待得久。她希望等将来老了，还可以穿一身民族风情的服装坐在古城上喝一杯亲手煮沸的奶茶。

她形容丽江冬天的游人虽多，但并不妨碍她一个人吃糍粑、吃牦牛肉。丽江的冬天很少下雪，但有雨，细细密密，红灯笼、热气、潮气，这样的氛围与细节，是一辈子也难忘的。

很多人旅行是为了证明去过哪些地方，花了多少钱，留下什么靓照，但他们有时一个细节都讲不出来，甚至除了累和疲惫，再无感觉了，并没有真正热爱远方，只有跟风和炫耀罢了。

一个城市去了七次，想必她是真的热爱那个城市与自己吧！

4

当一个人从孩童长大成人后，能感受到世界不再是年少时所想的那般美好与善意，处处充满纷争、黑暗与恐惧，难免需要迎合与取悦别人，尤其那些刚步入社会的新人，用一种旺盛的精力来回地奔波，恨不得将“拼命”两个字刻在脑门上，决不允许自己半分懈怠，但这种情绪很容易被生活左右，被动地跟着跑。

有很多瞬间，进，看不见希望；退，又没有回头路。

偶尔，我总能想起在北京后海遇见的一位流浪歌手。

月色下，桑榆前，他唱得投入，我听得用心，唱完后他对寥寥的几名观众弯腰说谢谢，这是他最后一次流浪，他决定回家了。原来他在家乡做着一份不喜欢的工作，凭着年轻气盛辞职北漂，流浪多年，漂泊无数个城市后，忽然累了。

他突然发现比起外面的精彩，其实自己更怀念在冬天的傍晚一家人坐在明亮的灯光下，聊天、看电视，尤其是家里的人个个健康快乐，才是自己最想要的。

日暮长零落，旧时不可追。

还好，他的人生可进可退，年轻时溜出去看看这个世界，历尽沧桑后想转身留下，那就留下好了。

《花与爱丽丝杀人事件》里说，全世界最微小的杀人事件，便是在遇见你的那一刻，我杀死了心中另一个自己。所以，每一个取悦自己的人，做任何事都自有道理，因为他一直过着行使自主权的人生。

一如禅师所言："一个人，只有取悦自己，才不会放弃自己；只有取悦自己，才能提升自己；只有取悦自己，才能影响他人。"

它像夜来香只在夜晚开放，但许多人，都是枕着它的香气入眠的……

看过世界之前，别着急做决定

1

太多的人，被生活束缚，在种种杂事中挣扎、拼搏与奋斗，为了梦想或生存。

在困境中，才发现人的韧性很强大。

可儿是标准的文科女，她情感细腻、内心丰盈，却无法摆脱文艺情节的纠结，所以两年前决定辞职专职写作时，曾反复掂量，一再请教业界大咖。

大咖告诉她，现在纸媒行业下滑严重，有的杂志社连稿费都发不起，新媒体虽然搞得火热，但良莠不齐，如果你不能像某大V级写手那样敢嬉笑怒骂，就别想出彩，有人写了几年的公众号也只不过寥寥数千粉。

她犹疑了一段时间，最终内心的热爱战胜了怀疑。为了更好地了解行业特点，她关注了好多成功的新媒体，发现每一个都有自己的特色：或言辞犀利，观点鲜明，或另辟蹊径，独树一帜，就连那些专写美食的因为用心也拥有很多读者。

她心里有了主意，索性辞了职，休整一段时间，又去了很多城市，缓慢认真地生活，体会身边的花开花落和每个安静的黄昏。当她的心里只剩下美好时，内心充满了创作的欲望。

现在，她已出了书，成了作家，因为写作风格鲜明，文笔优美，一年签下三本书，写得风生水起。当然，她庆幸当初早早辞掉工作，有了更多的时间创作，状态才越来越好。

可儿说："没有积累前，别轻易做决定，那样会误导自己的人生。"

她后来才知道曾请教的那位作家已很久没有作品了，因为习惯了传统的写作模式，跟不上新媒体的快节奏，所以他给的建议也是守旧、墨守成规的，可儿很庆幸没有听从他的意见。

现在，也会有新人请教她是否需要辞职专职写作。

她总会建议对方如果能在写作期保证衣食无忧，耐住寂寞，当然可以辞职，因为机会永远留给有准备的人。

人生是由一个个决定组成的，你的决定，决定了你的阶层，但是做决定之前，要问问自己有没有那个能力。

给自己时间，不要焦急，一步一步来，一日一日过，凭着韧性与能力，做喜欢的事，才是最幸福的。

2

张总，是一个睿智的女人。

因为她的父母都是农民，在她高考时并不懂如何填报志愿，所以将她领到一位邻居那儿。据说，那人见过世面，是村里的高人。当她惴惴地说出自己喜欢的专业时，那人不屑一顾："那个专业是冷门，出来找不到工作，还是报××吧。"

那人说出了一个当时比较热门的行业，懵懂的她看着父母热切的眼睛，违心顺从。四年大学后热门早成了冷门，就业无门，勉强进了一家小公司，忍受各种不适，后来慢慢积累，又跳槽到了一家国企。

事业也开始上升。但她对于不喜欢的工作仍是纠结，内心并没有多少热爱，决定报考 MBA。

那时她已经做到中层，据说上升的名单里有她的名字，听说她准备去求学，很多人劝道："即使读了 MBA 回来后又怎样，早已新人换旧人了，谁会为你留着职位？就算你换了喜欢的工作，30 多岁的女人了，一切从头来过，哪有那么容易？"

这些年她早已透过生活看了世界，有了方向，并没有听从任何人的建议，顺利入学，毕业后应聘到南方一家公司，终于从事了喜欢的职业。

每每想到过去那种无知受限的困境，她都会感恩知识改变了命运，学习开拓了眼界，决定改变了自己的人生，心宽了，路也宽了。

她说人生最困难的两个选项莫过于：“你敢或不敢而已。”

一个人只有看过世界，才有资格如此霸气。

3

那天，随手翻开微博，看到已成为庆山的安妮宝贝写道：“今天午间小睡，在意识中看到自己未来老去的样子，是个老人。最近在额头上有两根头发全白，其他的还是漆黑如常，看着自己心里平静，然后醒了，继续改稿长篇小说中。”

想起那首《虞美人•听雨》：少年听雨歌楼上，红烛昏罗帐。壮年听雨客舟中，江阔云低，断雁叫西风，而今听雨僧庐下，鬓已星星也。

这才惊觉，记忆中的叛逆女孩竟也生了白发。

时光一直在溜走，只不过没有察觉而已。

想起这个出生于1974年的巨蟹座女生，她是“80后”“90

后”的年轻人青春记忆中的一部分。曾有那么一个时期，她的书是人手一本，从繁华的北上广到逼仄的小城镇。那时看她的书，心里总充斥一种灰败的情绪，而这种情绪，并不关物质主义和城市消费什么事，它是每一个奔波在生活跑道上的人都经历的东西。

她说人不能自毁少作，那些写作，其实都是情绪。

说这话的时候，她已是一个女孩的母亲，不再是那个大学刚毕业、在父母安排下留在银行工作的女孩了。那时她经常把自己封闭在房间里，抽烟上网写小说。按部就班的日子让她决定出逃，但辞职手续未果，加上全家反对，她就决然离开，寻找喜欢的生活。

她承认自己在27岁以前，“兽”的成分占了很多，叛逆、古怪，又无知无畏。那时她的文字，充满了忧郁、颓废、性，深知宿命的无奈，明白生命是在不断地告别。

她在《告别薇安》里说：我想给我的灵魂找一条出路，也许路太远，没有归宿，但我只能前往。

她不谙世事，又想逃离世事。

直到2008年，女儿出生，所有人才恍然发现她在《素年锦时》中的改变：白茶，清风，祠堂，无别事。

她不断地旅行，见过世间众多风景与人性，接触过各种宗教哲学，保有心灵修养，心才算尘埃落定，人也变得从容。再回首年轻时的那一段自我，她说："走了远路，有了很多认识之后，心里有了敬畏，才知道深意。"

2014年，她决定将安妮宝贝改为庆山。她在日本东京时看到过一所庵，庵里有一座小院，里面有很多有名的僧人，其中一个就叫庆山。

看过世界后，她最想要的是简单平淡。

现在的庆山，安静生活，平淡安宁，带孩子，写书，闲暇时为读者来信提出解决困惑的办法，给予红尘男女人生的箴言。

汪曾祺曾说："活在世上，你好像随时都在期待着，期待着有什么可以看一看的事，有时你疲疲困困，你的心休息，你的生命匍匐着像一条假寐的狗，而一到有什么事情来了，你醒豁过来，白日里闪来了清晨。"

想必，她也是。

4

"我知道你愚蠢、轻佻、头脑空虚，然而我爱你；我知道你的企图，你的理想，你势利、庸俗，然而我爱你。"

毛姆在《面纱》中写的这段话，成全了很多人。

的确，这世间，从来没有人是完美的。但这个社会残酷又功利，残酷的是你的付出未必有收获，功利的是你必须付出才有机会。

通常这些不完美，在生活里成了人生珍贵的财富，它可以让不完美的我们增强阅历后再慢慢改进，也希望努力后一直被你喜欢，别着急做决定，一瞬间可能影响一生，但最终决定你能走多远，拥有什么样的人生，从来都是自己。

“我亦亭亭，无忧亦无惧。”

说出这句话的人，一定是心有底气才波澜不惊的！

人缘太好的人，不适合做知己

一直以来，我很喜欢子期遇伯牙的故事。

俞伯牙是春秋时期的一代琴师，琴声风雅，又悠远动人。荀子曾说：“伯牙鼓琴，而马仰秣。”

意思说他弹起琴来，连马都会停下仰起头听。他在出使楚国时，在船上弹奏一曲《高山流水》时偶遇钟子期，两人一见如故。

无论他弹什么样的曲子，钟子期都能准确地说出曲中深意，他叹服不已，想不到在荒野能遇此知音。

两人遂结拜，并相约来年今日在此相聚。

第二年仲秋，伯牙如期赴约，不料子期早已亡故。伯牙站在坟前，抚琴而哭，重弹《高山流水》，弹毕，他说：“知音不在，谁还能听我弹琴？”说完琴破弦断。

当然，并非子期之外不能再遇伯牙，黄磊曾在《向往的生活》里对何炅说："你知道我为什么后来不再唱歌了吗？"

为什么？

因为他以前所唱的歌都是好朋友陈志远作曲，而陈志远去世后，他就不唱了。

一颗心，因为怀念与疼惜从未走远，这么多年，他依然以自己的方式，记得与他的这份情。

何谓知己？

《史记·刺客列传》里写："士为知己者死，女为悦己者容。"这里的"知己"指了解、理解、赏识、懂自己的人，而不是那种将情谊建立在泛泛之交上的人。

陈道明在娱乐圈属于异类，没有多少朋友，冯小刚在采访中说："陈道明是一个清高得只肯在戏里低头的男人。"

这个清高的男人说过："朋友唯一的作用，就是在关键时刻出卖你，他了解你，所以在出卖你的时候了如指掌……"

巴金也说过："我没有一个指导我的先生，也没有一个知己般的朋友。"

当然，这并不代表陈道明没有朋友，也不代表他不交朋友，他只是不滥交。

曾以一首《懂你》获得中央电视台歌手冠军的满文军，两年前在接受访问时回忆称，自己几年前因交友不慎沾染毒品，被很多节目拒之门外，当然也被昔日的很多好友避之不及，唯有陈道明发来短信："不要想着放弃，放弃你的事业、你的人生，现在的你更多的应该是反思，而不是消沉。"并鼓励他择机复出。

2013年《我是歌手》的总导演洪涛请他登台，他很重视这次机会，陈道明专门陪他减肥、健身，反复跟他讨论选歌，并劝他别吃那么多，要考虑舞台形象。

每当有什么社会活动或商业活动时，陈道明总会带上他扩展人脉，让他心存感激。

真正的朋友，没有甜言蜜语，而是在精神上默默支持、鼓励、帮助你！

我们身边经常有一些人缘太好的人，做事面面俱到，为人周到体贴，各种关系其乐融融，看起来有很多朋友，但实则私下很难赢得好口碑。

我喜欢"格格不入"这个词，永远和众人不一样，独自成行。

陈丹青说鲁迅，很独自，很格格不入，也提到过张爱玲，第一次在上海开"文代会"，所有的女作家中只有她穿了花旗袍，还烫了发，显得格格不入，喜欢陌生与隔阂，喜欢人与人之间的淡薄相处。

那格格不入的人，大抵人缘不是太好，或者说不会迎合大众，但毕竟有自己独特的姿态立于世。

当年小木头读研时，和同门张师兄一起被举荐给德高望重的李教授，小木头以为自己一定落选，因为师兄不仅专业知识优秀，且为人玲珑，嘴甜腿勤，深得院里教授们的喜爱。

后来得知李教授选了自己做门生，小木头很疑惑，他曾私下问过教授："您为什么选了我做弟子？"

李教授只说了一句："人缘太好的人，不适合深交。"

后来，张师兄奔了另一位教授门下，求学期间经常出入教授家中，甚至和师母都相处得很好，周末时常去打牙祭，顺便做了很多举手之劳的体力活，假期归来也会给导师带些家乡特产。

小木头很羡慕他们的师生情，因为他对李教授始终是敬畏，没有家人的感觉。

第二学期，张师兄因为选题和导师发生冲突，意见不合，闹了起来，导师坚持自己的意见，他认为导师排挤自己，居然跑到系主任那儿告状，说了导师家中很多私事，什么学生春节时送礼啊，导师利用职权给其他学生调剂，甚至说导师和一位女学生暧昧，等等。

一度闹得沸沸扬扬，校园内人尽皆知，导师颜面扫地。

李教授告诉小木头："那种在利益面前与人为善的人，

目的性太强，可怕！所以人与人之间要维持一定的界限，是给自己留一份尊重。”

原来有些人看起来高不可攀，只不过是保有君子风度。这样的人往往人品贵重，不坏人名誉，不论人长短，不长袖善舞，却是真君子。

君子，总是淡如水，不远不近，不亲不疏。

毕竟“人之我好，示我周行”。

好的关系，是两个灵魂的共同认知，并非一颗心去迎合另一颗心。

真正值得交往的人，必须正直、善良、自律、严谨，既不搬弄是非，遇事又懂守口如瓶。如果一个人太过活泛，反而不能触及心灵。

亦舒也说过：“人缘太好的人不适合做知己，因为她对谁都这样热情，你根本分不清她的热情是真的还是有作秀的成分。”这句话，让雪小禅把亦舒认作知音，我亦如是！

因为好人品，自带光芒！

只有把握人与人之间的尺度，尊重他人的隐私领域，维护对方的名誉，才能赢得基本的信任与尊重。

好的关系，从来不需要好人缘。

我想，我能原谅你

1

前一阵子，网络上被一些婚姻里的负面新闻刷了屏，某真心话论坛里有人在提问："现在还能相信婚姻吗？婚姻里还有爱情吗？"

我顺口答复："有，但要瞬间地清空。"

清空往昔岁月里的所有误解和倒戈相向，清空反复无常人性里的执迷与仇恨，迎接不可预知的光芒、恩宠甚至救赎，只剩下内心天真的孩子，捧着一束光，在心脏中央慢慢地照耀。

表姐夫对表姐百般体贴。一次家宴上，他对我说："你姐现在血脂有点高啊，不能吃肉，但可以吃虾，另外她的胃也不好，菜别点太辣的，多点些青菜……"

席间，他一次次转动餐盘，耐心地将清淡的、新鲜的菜转到我姐面前，看得我们面面相觑，要知道他曾是出名的“伸手阶级”，这个事业型的男人，平时不太顾家，为此没少受表姐埋怨和唠叨。

表姐笑着说出原因：前段时间她在单位忽然晕倒了，低血糖引起的眩晕，待在医院治疗了一段时间。

那时，姐夫担心坏了，他每天下了班早早回家照顾孩子后，再赶到医院照顾她，面对千头万绪的家事才发现妻子的重要性，感慨她能在短短时间做出四菜一汤，也能在早上边收拾自己边收拾孩子，家里天天还能保持窗明几净。

那些天他分身乏术，叫外卖，娇气的小儿根本吃不下，衣服几天没人洗，大人孩子全都脏兮兮的，几天下来，他累得筋疲力尽。

原来事业上自己曾沾沾自喜的成功与妻子平时默默的付出是分不开的。痛定思痛，他开始体贴起来，闲下来就陪表姐去菜场买菜，回来后两个人一起进厨房，他开始注重她的身体与情绪，反复上网查询低血糖的人适合吃什么。

一有时间，就催促我姐去跳个舞，或去公园跑上几圈，精神轻松了，身体自然好了。的确，现在表姐看起来笑容明媚，人也年轻了好多。原来，好女人真是男人宠出来的。

万般调侃下，表姐调皮地一扭头：“你以后要对我好，别等失去了才后悔。”

“嗯嗯，一定。”他郑重地点头。看到他对她紧张兮兮的模样，我深切地体会出一种“我只想和你安静拥抱，只想陪你平淡到老”的深情。

相爱多好，能给予我们清澈的幸福，给予柔软的慈悲，让我们觉得身处世界中央，仍被万物所厚待，宽恕一切的恶，包容过往的伤害，原谅所有的不好，无私无我，圣洁得自己都无法想象。

爱要趁早，别等失去才发现我的好。

2

《圣经》上说，爱是无尽忍耐。是的，忍耐着岁月催人老，无情又无聊。邻居老刘是一位工程师，他的工资高，业余时间还给一些建筑公司画图挣钱，收入不菲。刘嫂是一名小学教师，与老刘的安静相比，她话痨，且脾气不好，每天抱怨工作多，抱怨现在学生难管，管轻了没用，管重了家长就会向校长或教育局告状。

有时受了气，回家找茬和老公大吵一架，其实，说吵架也不准确，就是她一个人在发脾气。

有邻居调侃老刘：“你家里收入主要靠你，你媳妇每天那么折腾你，怎么不见你回击。夫妻关系像弹簧，你软她就强，你厉害了，她就不敢再乱发脾气了。”

老刘只是笑笑。

一次，刘嫂班里有个学生调皮捣蛋，她批评了几句，转过身后那个学生恶作剧地将口香糖黏在她外套上。

她发现后，气得用手戳了一下学生，学生不干了，哭着跑了。

很快，学生家长跑到学校告刘嫂的状，说她体罚学生，校长虽知道她无辜，但为了息事宁人，减轻舆论，只得违心让她道歉，又停了她半个月的课，学生家长才罢休。

刘嫂受了委屈，窝着火回到家，找茬和老刘大声嚷嚷一阵子，心情才好。

第二天，一楼好事的阿姨问起来。

他说：“我让她，其实是为了她的健康。你想想，小学老师整天面对一帮熊孩子，那么闹心，如果不让她回家发火，都憋在心里，时间长了容易生病，她是我媳妇啊，万一憋坏了，我会后悔的！”

他笑眯眯地解释，却让听到的人感动不已。

原来，有一种爱，只要我们在一起，我狼狈一些也没关系。

一段感情里，总要有一个人先来改变自己，放下底线去迎合，这并不代表他天生的好脾气，只是怕失去你。

因为失去，总是痛彻心扉。

3

《人民的名义》里面，有一个镜头令我印象深刻，欧阳菁在看守所痛哭流涕地回忆婚姻的破碎，李达康则在家对杏枝说："你说，过去我们是天天吵，现在想吵可没得吵了。"

那么坚强、霸气的一个人居然为了失败的婚姻躲在背后默默流泪。毕竟他们有过感情，只因彼此过于骄傲，不懂珍惜，才最终失去。

很多人喜欢豪门公子霍启刚，因为他始终爱着郭晶晶，他温柔体贴，亲自去超市扛大米，与太太一起带孩子做家务，这是他要的生活，有温度，有亲情。他知道一个男人无论有多富有多成功，都离不开爱与责任，他懂得及时地将爱一点点渗透进细节里，将自己活成幸福的傻瓜。

"你害怕什么？"

"我害怕失去你。"

这是我在电影《暗杀游戏》里听到最好的一句情话了。

还有《苏州河》里，玫瑰问马达："如果有一天我走了，你会找我吗？”

马达说：“会啊！”

“一直找吗？”

“会。”

“一直找到死吗？”

“会。”

“撒谎……”

谁会一直找一个人找到死呢？那份绝望只能带来一波接一波的心碎而已。只是这很多常人明白的道理，经不住岁月的袭击，一不小心，就丢了彼此。

4

在《理发师的情人》这部电影中，女主角留给安东尼的绝命书中有这样一段震撼人心的话：“我的爱，我要在你离开我之前离开你，在你的欲望熄灭之前走，要在心生不快之前离去，带着我们相拥的味道，带走最甜蜜的回忆，谢谢你给我的最欢乐的岁月，我一直爱你，只爱你，我走是为了让你永远不会忘了我……”

因为这份不忘记，有多少人放纵着内心驰骋纵横！

失去妻子的男人流泪后悔，“我挣再多的钱有什么用？

她也回不来了。”离异后的女人捶胸顿足：“如果当初懂得珍惜，不至于孩子没个完整的家吧。”

更多的是那些曾经在一起消耗、折磨，放弃了才发现原来那个人是最好的！原来，在爱里，坚守才是一种高贵的品质。

前一阵子，我的文末留言总会出现一个呐喊：“×××，你回来吧！没有你我活着还有什么意思？”

这个 ××× 是谁？我不知道，但我知道留言的那个人一定很痛苦，因为，她不爱了，他还爱。

爱如烟花，开一秒也是好的。在有生之年狭路相逢，一个眼神就够了，何须多说？所有旧时光，都在拨开夜晚的底色时留在那透明的蓝里了。

不要刻意控制，也不要逃避，爱不是万花丛中过的片叶不沾身，腾挪辗转时的自保，它是不遗憾。

但这世间却偏偏有遗憾，总有一些最好的东西，在光阴里悄悄溜走，一转眼，人老了；一转眼，爱没了；再一转眼，这一生悄然过去了，甚至连恨都来不及。

所以，在一起时，好好相爱，好好相待！

我那么美，哪有时间颓废

1

17 岁那年，我第一次读亦舒的书。

还记得《喜宝》里面一段话："假使有人说他爱我，我并不会多一丝欢欣，除非他的爱可以折现；假使有人说他恨我，我也不会担心，太阳明日还是照样升起。"

她的文字新奇，丝丝入扣。多年后重读，才明白她笔下的女人大都活得优雅，乍一看爱情大过天，享受人间，其实一旦爱情消逝便旧欢如梦，不迷恋过去，只要现在。

多年来，亦舒一支笔写尽人间烟火，一句话点醒茫然梦中人。她的笔下，世事洞明，再难放下的人或事，也会烟消云散。当然，自己亦如是。

2

2013 年 4 月，德国柏林有一个影展。

旅居德国的中国画家蔡边村在参展的自编自导纪录片《母亲节》里，袒露了自己寻找生母的过程和心理路程。

一石激起千层浪。纪录片中那个 30 年与儿子避之不见的母亲，正是亦舒。

这要追溯到亦舒 17 岁那年的多情。

那一年的文艺女生遇到了蔡浩泉。

蔡浩泉，何许人也？

一个落拓的艺术家。他的好朋友曾说他玩世不恭、吊儿郎当、与俗相左到了极端，那真是连命都不要了。

但亦舒偏偏爱他。诗人蔡元培回忆道：“亦舒那时住在滨海街，和我们住得很近，常来探班，他对她好冷淡。亦舒却热烈主动，疯狂癫痴，为了他不惜和父母闹翻，未婚先孕，闪婚，产下一子，取名蔡边村。”

很多人都以为才子佳人从此过上幸福的生活。但他多疑，她敏感；他暴躁，她更易怒；他酗酒，她沉醉写稿；他怀才不遇，她才情迸发；他过惯了穷日子，她却自小衣食无忧，喜欢的东西再贵也买下。后来的后来，他在外寻求情感寄托，她一怒之下离婚。

她说："世上所有婚姻其实均是盲婚，知人知面不知心，在一起走三两年又有何了解。"

语气哀伤，情绝意难全。

随着蔡浩泉新感情展开，偶尔探望儿子的她决定斩断与这个男人的所有联系，包括儿子。试图用这种简单粗暴的方式，删除自己的前半生。

始料未及，33 年后，继承画家衣钵的蔡边村，思母心切，昭告天下般地来寻她，感动天下人。

她却冷静得令人发指。

唯一的回应，只在微博上引用了自己文章的一段话："小宝，相信我，我是爱你的，我怀你的时候那么年轻，但我要你活着，甚至我的母亲叫我去打胎，我不肯，我掩着肚子哭，我要你生下来，我只有十八岁。"

亦舒，这个精致的利己主义者，她一直告诫世人活着最该拥有姿态，哪怕在别人看不见的地方不断失去，也在所不惜！

原来她的不断失去，只为了再次拥有！

3

我的好友说过：爱看亦舒，并不完全是为了英俊动人的男主角着迷，而是为亦舒笔下清醒现实的人生态度所折服。

的确，走过了天真烂漫的少女期后，亦舒的作品更加有耐性、包容与智慧了。

她传递着现代女性必须有工作、有家庭、经济独立的态度，她主张女人做自己的太阳。

而她，一直是自己的太阳。

出了300本书，70岁了还在写。她几乎不再接受任何采访。许多年前，有人谈起她的作品虽屡屡再版，但水准高低不一，她便自嘲："还得请读者多原谅，我是财迷心窍。"

她自称自己是喜宝。

比喜宝幸运的是，她拥有满身才情，且努力，被香港文坛称为"三大奇迹"——"写言情的亦舒，写科幻的倪匡，写武侠的金庸"之一。她12岁读鲁迅，14岁发表文章，18岁中学毕业，没有读大学，凭着文学青年的姿态，跑到《明报》当记者。她出入影视圈，兼写名流专访。她以平均一年写四五本书的节奏，雄霸文坛。

她小说里的文字，简洁精练，没有任何多余的连接，冷静自持，而文字背后蕴藏的沧桑和痛楚，不懂的人会觉得无聊，懂的人自会体味。

《花解语》里，她告诉我们，人真的要自己争气，一做出成绩来，全世界都和颜悦色；《玫瑰的故事》里，她告诉我们，失去的东西，其实从来未曾真正地属于你，也不必惋惜。她写尽人生：要生活得漂亮，需要付出极大忍耐，一不抱怨，二不解释，绝对是个人才。

林夕曾说过："读亦舒的文字性价比最高，一翻一字金句。"

的确，如此鲜明的文字风格，怕是再换上无数个笔名，仍可从中分辨出来。

她一直很努力，比起她的兄长倪匡有过之而无不及。

她在《故园》里叹息：为什么所有职业都那么辛苦？这就是真实的人生呀。

为了这份真实，她活成了自己笔下的"亦舒女"——够聪明，有能力，还漂亮，懂得自尊自爱，或许有一点骄、有一点冷、有一点倔和一点淡。

辛苦，又有什么关系呢？

她一直冷眼看人生，有事事通透的灵性，永远知道自己要什么。

4

幸福，就是现在的样子。

折腾久了，她期待平静；癫狂过后，她盼望遇到一个温柔的人。40岁那年，因缘际会，她遇到了港大的梁教授。虽然教授这个职业，在她的笔下形容虽优美却无甚前途，但他却是那个对的人。

他爱惜欣赏她的才华，她贪恋他的温厚宽和。

再强势的女人一旦被人疼惜也会变得柔软。

她不再暴躁，不再易怒，褪去锋芒，冒着高龄危险再产一女，用侄子倪振的话说："四十来岁，人工受孕，用命搏回了一个女儿回来，老蚌生珠，打从心眼里面疼惜。"

随后全家移民温哥华，她习惯了上午八九点钟起来写作，不烟不酒不药，写完稿便做家庭主妇，买菜清洁煮饭，笔耕不辍。

如今的她，在寂静的宅院里，爱人温柔，日子恬淡，每天舒适地靠在椅背上，院外参天松柏，再远是海和天。

这一生，她曾因太爱惜姿态，弄丢过很多爱；也因为爱得用力，弄丢很多姿态。但和自己漫长的战争中，她懂得运用化骨绵掌，懂得低眉敛目，也懂得从容地和自己相爱，化干戈为玉帛。

一如她的作家好友杜杜说的："亦舒喜欢最长久的一件事，还是幸福！"

日复一日！

能控制情绪的女人，远比控制体重活得精彩

很多人爱上了《那年花开月正圆》里的周莹，说她火辣辣的脾气看起来很是酣畅淋漓，敢怒怼公公，能智斗土匪，会调戏沈星移，我为了追剧，第一次花“银子”开通了腾讯视频会员。

对于她的成功，大多数人都会毫不犹豫地给她戴上“敢拼”的帽子，其实不然。

她只是看起来粗野彪悍，实则粗中有细、险中求稳。在丈夫去世后孤立无援的情况下，毅然承担了重振吴家的重任，带领东院所有人做起生意，凭借独到的经商天赋和韧劲，顶住了所有人对她的打击与质疑，迎来了新的春天。

当然，她成功了，人也在经历磨难中越来越沉稳了。

被三婶设计陷害沉塘后被救，她不再是急吼吼地杀过去，而是妥善而周密地计划，最终成功自救。

因为开办织布局入股的事，被二爷、四爷卸了大当家的身份，虽拂袖而去，却不急不躁，等着两个叔叔撑不住了来求自己。

在茶叶行查账，发现短缺数量，她不怒自威，柔中带刚地提醒茶行掌柜。

她的扮演者孙俪也是一个自律的女人，这些年她的身上明显兼容了自主进取与圆满温馨，如今的她事业发展如日中天，体态容貌管理俱佳，老公也是势均力敌，儿女更是活泼可爱。这些美好被她一针针地缝在岁月的衣衫上，如明玉一般，令人欣喜。

这与她的自律、努力和情绪稳定饱满是分不开的，据说拍完戏后，孙俪几乎没有社交活动，而是回到房间独处，听音乐，泡澡，让自己放松。平时更是很少出去应酬、炒作，而是给自己一个自在的空间，和一切美好的安宁在一起。

她爱画画、爱写字、爱喝茶、做棉花糖、烤饼干、做缝纫、手工……

她对情绪的自觉管理，知道哪些情绪有益，哪些情绪有害，在生活和工作中积极调节，趋利避害。

奥黛丽·赫本也说过："人是在挫折中去奋进，从怀念中向往未来，从疾病中恢复健康，从无知中变得文明，从极度苦恼中勇敢救赎，不停地自我救赎，人之优势所在，就是必须充满精力、处处在我悔改、自我反省、自我成长，并非一味地向他人抱怨。”

的确，情绪的力量比我们想象得更大，只有那些懂得善待自己的人，才能真正管理好自己的一言一行，这样，世界才会善待你！

前几天，看到了一个有关女孩情绪失控的负面新闻：

一个女孩和男友在小区里吵架，愤怒中开始脱衣服，最后连内衣也脱光了，好在男友还算理智，一边抱住情绪失控的女友不断地安抚，一边给她套上衣服。

其实，解决矛盾的方式有很多种，因分手而伤害自己、折腾他人是最不明智的，我想那个女孩的男友肯定会留下阴影，以后对她恐怕要敬而远之了。

说实话，每当我看到一个女性因为烦恼或悲伤而发狂的时候，心里总是很难过。情绪失控的女人，往往很难真的获得幸福，因为人一旦被情绪控制，它可能会成为摧毁你人生的隐形杀手。而那些懂得克制之美的女人，更容易获得幸福。

好友小西常年保持着清瘦的体态，任何衣服穿在她的身上，都像被施了魔法，总能被她穿出一番韵味，可能你会觉得她是长不胖的体质，又或者认为她生活的乐趣就是研究营养搭配，清心寡言地节制饮食。

其实都不对，几年前她还是个胖姑娘，喝水都长肉的体质说的就是她，而她在美食上更是从来都不亏欠自己，无论是冰淇淋还是巧克力，都尽可能地满足自己的口腹之欲。所以，对她来说能保持好身材，得益于健康地克制。

冰淇淋还是要吃，但不会过量，巧克力也要吃，但一定会在吃了之后，出去跑个步。

不仅如此控制体重，在情绪上也如此。她在家温柔体贴，暴躁的配偶偶尔情绪失控，也会在她的温和下妥协。

即使在办公室也是一股清泉，工作上有人误会了她，她不会勃然大怒，而是轻声细语地跟对方交流，和和气气地化解矛盾。当很多人聚在一起数落老公的怠慢、婆婆的刁难时，很难听到她的抱怨。

不得不说，小西是将日子过得最轻松自在的一个人，她懂得克制自己的情绪，不带给别人负能量，和她在一起，你会觉得日子美好舒适。

所谓自律之美，不仅体现在保持外表的健康轻盈，还体现在生活里。和朋友相处时，让自己有一颗谦卑之心；和亲人相处时，不骄纵任性；和爱人在一起时，不无理取闹。而一个女人成熟的标志，不仅是能克制体重，更能克制情绪，并时时自省，情绪稳定。

毕竟，岁月大多数时候并不静好，有些事总让我们生气、郁闷、心塞，让我们整日处于半疼半喜、半惆怅半愤怒的状态，而这一切负面情绪都会日积月累地呈现在脸上，所以，一定要学会管理自己的情绪，用一些业余的爱好来保养容颜。

我们要常常锻炼身体，就算工作忙到不行，午休时间也要抽空跳上一段减肥操……不知不觉中，你也会有马甲线、铅笔腿和销魂锁骨，线条优美，神采飞扬。

更要学会阅读，要见缝插针地阅读，做笔记，写书摘……思辨生智慧，久读生自省，慢慢地会发现自己的眉眼开始灵动，气质也开始出众。

要知道当一个女人连眉眼都写满风调雨顺时，就不会再为了眼前的一地鸡毛劳心费神，把心思花在更广阔、更美好的事物之上，远远比开个眼角，做个SPA来得惬意与深刻。原来，能健康地瘦下来，懂得适度地控制情绪，不仅是功课，更是智慧。

这样，才会庆幸自己的努力没有浪费，掌控了自己的人生，从而变得更好，也能从繁杂琐碎的生活里弯起眉眼，轻笑，哪怕掉过眼泪，尝过苦涩，又如何？

这样一直在路上，才有方向。

这种女人，永远不会弄丢灵魂和未来

四月，灿烂丰满，像董卿的人生。

这一次打动我的，不是《中国诗词大会》和《朗读者》里那个妙语连珠的主持人，她出现在央视4月24日的《面对面》里，首谈初为人母的经历。

一袭浅蓝衬衫，一抹淡淡温柔，是那种做了母亲的女人才有的温柔。

2015年7月，董卿结束访问学者的身份从美国回到央视，复出的她多了一个身份——母亲。

王宁问她："为何在这个时候做了母亲？"

她说："人到了一定年龄，很多事情不能再拖了，不然就永远失去这个机会了，人对'永远'这个词是有敬畏的。"这个40岁的女人，在拥有了事业、爱情后，渴望做一名母亲，一切都刚刚好。

初为人母，她所有的时间被孩子占据，人也变得琐碎与平庸，孩子的完全依赖，让她有点不知所措，她需要平衡，因为她不愿做全职妈妈，更不希望孩子的世界只有她，也不希望自己的世界只有孩子。

有时为了工作最长两周见不到孩子，在工作与情感中陷入两难。好朋友告诉她："你想让孩子成为什么样的人，很简单，你就去做一个什么样的人。"董卿想得很通透，孩子也成了她新的动力。她说，我应该很努力把自己变得更好，让他在未来真正懂得的时候，对我有爱、有尊敬。

很快，她投身到《朗读者》的筹建中去，身份是制片人。这是一个全新的身份，以往主持人的经验已不足以协调与驾驭一个新的团队，过去不需要考虑的各种杂事纷涌而来。

"一个念头在脑中，两页策划在手上，三个散兵起步，四处磕头化缘"，这是她形容《朗读者》初期筹建的状况。她时常处在绝望的边缘，失眠焦虑，但是天亮后，她依然微笑着出现在办公室，告诉同事们选题是什么，内容是什么。

她努力又坚韧。

为什么？她笑着说："我要继续成长，我不想因为他变得止步不前了。"

2017年董卿红透荧屏，是必然的。主持界的"花瓶"很多，靠胸、靠脸只能红一时，注定不会长久，唯有她像翠竹一样屹立在舞台中央，带着饱满的情绪和睿智的思想。

有人说这一切缘于她有一对毕业于复旦大学的父母和年少时所受的教育。

的确，原生家庭成就了她的基础，而努力却是她成功的底气。

现在，她又坚持把这些优秀的品质传给自己的孩子。因为她知道“母亲”的意义，在这个人人都谈原生家庭重要性的时候，仍有很多女人在做了母亲后依然不懂什么是责任。

我曾在一辆公交车上，看到一位母亲和儿子争夺手机时声嘶力竭地嚷：“你就知道上网打游戏，成绩考得那么差，还要不要脸？”

七八岁的男孩反击她：“你凭什么说我？你不也天天上网聊天，刷淘宝，我们家的钱都被你花光了。”“我是大人，你能和我比？”她有点气急败坏。“大人怎么了？大人就不要学习吗？”孩子反唇相讥。的确，很多女人在做了母亲后都止步不前了，放弃自我又甘于平庸！却不知母亲的行为对孩子潜移默化的影响。

龙应台说过，在孩子小的时候，父母对他们来说是万能的，是完全可以依靠的，这就是父母对孩子教育的黄金时期，等孩子一到了青少年时期，父母的“有效期限”就快到了。

因为该说的、该教的、该做的，都应该早做足了，是验收的时候了，这验收父母的教育方针，也是孩子对外界的应变能力。“过期”后的父母再怎么努力，也比不过10年前来得有效了。

有些母亲抱怨为了孩子放弃工作与自我，每天围着他转，甚至连婚姻的不幸福，婆媳不和也归于孩子。殊不知一位好母亲抵得上一百个教师，好的榜样是一种力量，影响着孩子的一生。

儿子读小学时，交了一个好朋友，虽然是单亲妈妈带大的，但是品学兼优。家长会上我们曾交流过一些育儿心得，她说，我只希望儿子快乐健康。这其实是所有母亲希望的。

作为一名普通的女人，她说不出什么大道理，只会用行动来影响孩子。

善良，自律，勤奋，吃苦。

她虽然是超市的收银员，却知道读书的重要性，为了让儿子爱上阅读，本不爱看书的她养成了阅读的好习惯，每晚睡前和周末都会与儿子分享故事，在优质的书籍中完成深层次的阅读。

她希望孩子有个好身体，每天抽出半小时带儿子去运动，但孩子小啊，时常犯懒，她就各种哄，后来养成了习惯，是儿子催着她跑。

为了让儿子视野开阔，安静的她爱上了远足，每年都会请假陪孩子旅行，周边的地方骑行遍了，就用最节俭的方式去远方。现在的她成了甩手掌柜，每次旅行前，孩子都会下载各种 APP 做好规划，她跟着就行。

孩子阳光开朗，古今中外知识渊博，是老师的好帮手、学生的好班长，家长会上总有人赞美她培养了一个好儿子。

她说，我不否认一个母亲对孩子成长的巨大影响，每个人成长为现在的模样与原生家庭的关系密不可分的，虽然这种影响并不是决定性的，但是好的母亲的确要陪伴孩子成长。路还长，我正慢慢走在这条完整自我的路上……

成长是一件伟大的事情。它从无到有，从简到繁，这中间的过程艰辛，藏着孩子成长的美妙和母亲付出的艰辛。

聪明的女人都会像董卿一样，在结婚生子后，以孩子为动力，不断努力成为一个全新的好妈妈。这样的成长，才能让人生变得丰盛，让孩子变得更好。好妈妈一定可以滋养孩子，用身体，用灵魂。

就像作家阿瑟·克拉克的墓志铭："我永远都没有长大，但我永远都没有停止生长。"

这样的女人，永远不会弄丢自己的灵魂和孩子的未来！

辑四　最曼妙的风景，是你温柔的样子

温柔要有，但不是妥协

在很多人看来，生活就是一个不断妥协的过程，注定要牺牲和放弃一些东西，然而人生并不是只有单选题，每一次对生活的不妥协，都将成为一种突破。突破束缚，突破格局，反而能够获得美好的人生。

1

七月，酷暑。

我正和女友躲在街角的星巴克里享受冰咖时，她接到老公的电话，说年迈的婆婆又住院了。女友问清情况，不慌不忙地说："那和过去一样，咱们出钱，姐姐出力。"

电话那边没有任何的争执与不快，繁杂细琐的家事很顺利地解决。

我问她：“你分得那么清，会不会影响你们夫妻感情？”

她说：“不会啊，事实就是这样，刚结婚那阵子婆婆就病倒过，那时我俩认为老公是家里唯一的男孩，理所当然地承担照料母亲的责任。我作为媳妇也请了年假，每天跑前跑后地照顾，搞得疲惫不堪，相反两位姐姐像是来探视的亲戚，隔三岔五来医院陪母亲说说话转身就走了，将一切扔给我们两个。”

那时年轻，累了睡一觉就满血复活，随着孩子出世，老人年纪越来越大，住院的次数越来越多，总因为时间与金钱协调不好引发不厌其烦的争吵、埋怨，弄得夫妻关系在那些浅薄的泪水里产生隔膜、崩塌，一度生无可恋，甚至萌生出离婚的念头，弄得姐姐们在背后嘀咕弟媳心胸太小。

痛定思痛，她找老公谈了一次又一次，将困难与事实摆出来：“大姐早已退休在家，二姐的孩子也上了大学，唯独我们的孩子需要照顾，又处于事业的上升期，当然经济条件也属我们家最好。我们可以包揽妈所有的医药费，当然报销后的钱要归我们所有，平时妈归她们照顾，每周末咱俩回去替换姐姐。你和她们商量一下，可以吗？”

好在老公也不是愚孝，也不想让婚姻走进死胡同，他和姐姐们说了，她们思来想去，认为弟媳说得在理，亲戚关系又缓慢地好了起来。

她说，刚开始过日子时，都是奔着美好去的，只是难免理性碰撞感性，发生摩擦。久了，感情被侵蚀，日常被消磨，却忘了人心慈悲才能遍地开花，人心虚伪只能满室狼藉。

最初整日纠结于别人对自己的态度，却忘了有时贪婪、坏与自私都是自己一味妥协造成的，久了，那种漫长而尖锐的孤独感更加无依无靠。

要知道，成熟的女人必须是柔软而笃定的，她要清楚每一种生活方式的所得所失与承担的问题，才能自由坚定地在俗世里从容穿行。

2

能将家常日子过得好的女人，其他方面也不会差。

周周刚入职时做的是某报纸文案校对，主管严厉，她每天小心翼翼，生怕出问题，偶然引来上司的叫嚣和脾气，她也总一忍再忍。

某天，她负责的版面接了整版产品广告，她逐字查看，包括标点符号，一遍又一遍，却怕什么来什么！产品的咨询电话忘记排在版面上了，拿到报纸的合作方和主管脸都绿了，直接将样刊甩到她脸上，骂她“猪脑子”“白痴”。

将她揪到老总面前，责备周周粗心。周周知道自己迟早要卷铺盖走人，大概做了最坏打算，心里没了顾忌，但多年所受的教育告诉她不能和主管一样骂人。

想了想她说：“作为基础校对人员，我存在失误，你作为审核的主管，即使稿子排完了，你不也没发现错误吗？如果要承担责任，也由我们两人一起承担。你为什么要全推到我的身上呢？”

她的态度不卑不亢，主管没料到一向温顺的她会反抗，有些惊呆了。周周勇敢地对视，没发现总编正用一种欣赏的目光看着自己。

总编朝主管摆摆手，饶有兴趣地问她：“你怎么承担责任呢？”

她说：“如果需要辞退我才能解决问题，我立刻离开；如果需要金钱可以从工资里扣，当然以后我会好好工作。”

最后的结果不得而知了，现在已功成名就的她至少在后来的人际关系里明白人不能一味地妥协，即使做了替罪羊，也没人感激你，倒不如坚持自己的原则。

其实，别人的得寸进尺都是自己纵容的，不要责怪对方的人品差，是你太谦让，或许你怕对方怀疑、冷漠的眼神，还有鄙夷、轻视的态度。总之，无论你怎样做，总会有人不满意，倒不如做自己，至少不累，否则容易在各种廉价的妥协中失去尊严与权利。

3

《红楼梦》第三回里，林黛玉谢绝邢夫人苦留吃晚饭时是这样的，黛玉笑回道：“舅母爱惜赐饭，原不应辞，只是还要过去拜见二舅舅，恐领了赐去不恭，异日再领，未为不可，望舅母容谅。”

语气婉转谦和，邢夫人听了，表示理解，连笑道：“这倒是了。”于是黛玉告辞。

钱钟书先生拒绝别人的时候，常常也是妙语连珠。

有一次，有人送给他一笔高额酬金，钱老莞尔一笑：“我都姓了一辈子‘钱’了，难道还迷信钱吗？”

温柔的婉拒，是给自己和对方的一种尊重。

的确，面对别人的相求，有时由于某种原因办不到，不方便接受，也不便直接说不行，就需要巧妙地拒绝。因为没有人喜欢被拒绝，粗暴地拒绝往往会撕破脸，使得关系破裂。

4

林徽因说过：“温柔要有，但不是妥协；我们要在安静中，不慌不忙地坚强。”

有时就是这样，顾虑太多成全了别人，恶心了自己。这世上，有人喜欢你，就有人不喜欢你，喜欢你的人会心疼你照顾你，讨厌你的人却不会因你的小心谨慎、委曲求全而回头喜欢你。

当然，一个人，要坦荡、低调地做人处事，不断丰盈自己，不要怕被冷落而去迎合、怕被孤立而去妥协。这样，自然会在从年少走向成熟时，迎来自己的存在感。

当内在的力量足够大，你会发现曾需要你妥协的人，早已悄悄在岁月里向你妥协了。

可以温柔，但要适度，过分了就是卑微。

最曼妙的风景，是你温柔的样子

1

我坐从徐州开往苏州的高铁去参加新书的签售活动，那是我第一次在傍晚时分的列车上穿行，看着窗外五月的风景在黄昏里重新醒过来，苍山、素瓦、彩霞、河湾，都因霞光有了奇异的背景，一切都染上了诗意。

我因为头天准备稿子太晚，坐下后，倦意袭来想补个觉，却听到邻座的孩子在吵吵闹闹。我转头看过去，孩子很小，两三岁的样子，大概坐久了，一直在闹，他的妈妈不停地哄着，耐心地和孩子说话，转移他的注意力。

“宝宝，你看外面的花，开得好漂亮哦”车窗外闪过一片斑驳的油菜花田。

“宝宝，你看树哦，闪得飞快！”外面掠过一丛树林。

“宝宝，你看太阳，像不像鸭蛋黄？”

……

她的声音温柔轻腻，一点点挠我的心，我忍不住去转头看窗外的风景，她见我坐起来，立刻充满歉意地说：“对不起啊，吵醒你了。”

我笑了：“没事，我根本就没睡着。”

她解释孩子太小，坐不住，没办法。

说话的她瘦且小巧，皮肤白皙，绿裙子像水一样服帖在身上，加上眉间的温柔羞涩，如同穿了春天在身，美丽动人。

此时，我消除了暴戾转向温柔，瞬间敛气静息。我忽然觉得生命如此美好，美好到让人手足无措。

2

我喜欢这种温柔的女人，因为她们身上通常具有一种隐而不发、韧而不硬的气质，自带力量与温度。

朋友的妈妈是我见过最温柔的女性，她的温柔不只给了女儿、身边的人、还给了生活。

不管什么时候遇见，阿姨永远都是轻声细语，淡妆精致，衣饰搭配得体。偶尔和别人有点小冲突，她也不急不躁，以温柔化解。

朋友说过，自己从没见过妈妈发怒的样子，哪怕在她最生气的时候，也不过是一小会儿不搭理而已，有这样情绪稳定的妈妈，是一件让人羡慕的事儿。

其实，她母亲的人生并不如意，经历了两次婚姻和创业失败，但她认为自己很幸运，遇到的男人都还不错，虽然和前夫性格不合，分手也是自己主动提出来的。但谈起这段缘分，她依然感激前夫，在他们共同奋斗的那些年里，他还算争气和用心，为了女儿创造了衣食无忧的物质环境，离婚后，他也自觉地共同承担养育孩子的责任，现在两个人也宛若朋友。

她再婚后，连女儿都说："您和叔叔真是天造地设的一对。"

至于事业，他们现在一起打理一家餐厅，什么都能想到一起，业余爱好也相合，在外人看来他们极其默契。朋友说因为妈妈的性格好，虽然独当一面时像个十足的彪悍女汉子，但对所有人都是笑眯眯的，只要她在店里，氛围好得不得了，什么事都能罩得住，在家里也是一样的。

她的母亲似乎将人生中的那点不幸全用温柔中和了。

那么多的风雨，都不如她扑面的温柔来得深刻。也是这份温柔，让女儿在父亲缺席中，依然成长为一个幸福并对生活感恩的人。

3

别以为温柔是一件简单的事儿，它是世上最难的事之一，尤其逆境中的女人，能做到的少之又少，因为如果生活太过艰辛，人很容易在与它对抗时变得暴烈急躁，用伪装出来的坚硬和刚强来掩盖满身的伤痛。

被誉为“最贤的妻、最才的女”的杨绛先生身上自有一种哀而不怨，清淡隽永的气质。

我在她的文章里，读到这样一段话：“我们姐妹几个人对丈夫都很好，却比不上我母亲对我父亲的好。”

她的母亲唐须嫈女士出身富贵，也是一位知识女性，但她并没有凭借才华活跃在民国的文坛上，而是选择做了一名家庭主妇，成了丈夫最得力的依靠。

几十年的时光里，他们相濡以沫，既是爱人亦是知己。

杨绛先生记得，父亲辞官后做了律师，他会将受理的每一个案子都详细地对母亲讲述，母亲坐在灯下，温柔、小声地提出自己的见解，父亲也总是颔首微笑倾听，那是她儿时记忆最美的画面。

母亲对父亲好，对子女好，对自己也好。

记得父亲曾生过一场大病，连续几个星期高烧不退，神志不清，连医生都不愿再给开药方，唯有母亲不放弃，坚持请来当时有名的中医华实浦先生，衣不解带地服侍榻前，所有人都觉得，父亲能熬过来，都归功于母亲的护理。

当时家里虽有佣人，但母亲常亲手为家人缝制衣物，在那个旧式家族里，她低调平和，即使受了欺侮，她往往并不感觉，事后才明白，但也从不计较，她心胸宽大，不念旧恶，所以能和任何人相处得很好，一辈子没一个冤家。

她贤惠不迂腐，平和中带着聪慧。用温柔成全了子女与丈夫，也得到了一生最好的时光。

冰心也曾在文章里写过，她的母亲是极其温柔的。

有一次，年幼的她，忽然走到母亲面前，仰脸问道："妈妈，你到底为什么爱我？"

母亲放下针线，用她的面颊抵住她的前额，温柔地、不迟疑地说："不为什么——只因你是我的女儿。"

很多时候，越是温柔的心意，越能抵御日常的磨损和岁月的流逝，它是一种力量。

4

有一位研究易经的朋友说过："女人身上有风水的，当然这份风水并非迷信，而是一种气场，有些好事好运、坏事坏运其实都是自己吸引过来的。"

所以温柔的女人，永远能给身边的人带来安宁、安然与安静。就像朋友的母亲，心态平和的她永远一副开心的样子。快乐不是规划出来的，而是随时随地展现在生活里，天气好时，她会领着店里的姑娘小伙子开车出行，碰到路边农家，几个人动手摘菜、洗菜、炒菜，花钱不多，却开心快乐！

闲时，她也会选一家环境适宜的餐厅，像请客人一样请女儿吃饭，聊些体己话，她会告诉女儿："婚姻解体，绝非一日之功，我也有我该承担的责任。所幸经此种种，对自己的潜在力量有了更多认识，淬火而生，疼完了，就变好了。"也会重新规划一下未来，这和在家里的交流完全不同，正式温暖，又充满情趣。

东野圭吾在《白夜行》里写道："我的天空里没有太阳，总是黑夜，但并不暗，因为有东西代替了太阳，虽然没有太阳那么明亮，但对我来说已经足够，凭借着这份光，我便能把黑夜当成白天。"

温柔，亦如此。

无论睡在哪里，你都睡在风里

1

那天我回舅舅家。

弟媳小薇一个劲儿在我面前夸我表弟好。

原来，生日这天，表弟送了她一条时尚的腰链和淑女屋的裙子，将她打扮得如桃花仙子，一颦一笑中全是风情。

我故意说："Cushow 的专柜活动打 6.8 折，淑女屋不上档次。"她一把抢过衣服："我就喜欢这个牌子，说明我年轻，中年女人才穿卡秀。"

我白了她一眼，心里却感慨，想让婚姻保鲜，无非是把女人当女人看，因为任何一个女人都希望被男人疼爱和赞美，尤其是自己的老公。

这几年，我眼看着她从一个粗咧咧的女侠变成一个温柔的小女人。

记得前年他们结婚时，有人闹她的伴娘，她吼着一脚飞过去（小薇是跆拳道蓝带 4 段）将那人踢到墙角，成了婚礼最大的笑点，很多人担心表弟以后会受气。

没想到仅两三年，他就改变了她，因为他暖啊。

她不爱吃早餐，他说那容易得胆囊炎，逼着她吃；她爱吃肉又怕胖，他就和女同事学了红烧肉的做法，去了油脂，又保持肉的鲜美；逛街永远走在媳妇的外侧，随时化身情话 boy……

偶尔舅妈有事唠叨他媳妇不好，他会先给老妈道歉：“您是好妈妈，不和她一般见识，回头我削她。”

虽然舅妈知道儿子疼媳妇，说说大话而已，但听了心里很舒坦，有些小事就化解了。

他见了媳妇会说：“哎呀，亲爱的受委屈了，天下老人都一样，幸亏你懂事，给我省了不少心。”她一高兴，见了婆婆也心无芥蒂，和好如初。

因他的暖，她每天都是好时光。所以家里总是笑声不断，其乐融融。原来好的男人一定可以滋养女人，她本来不发光的，却因了他，忽然耀眼起来！

2

“暖男”这个词本意是指那些如阳光般温暖的男子，他们通常细致体贴、顾家，重要的是能很好地理解和体恤女人的情感。

或许他们的智商、情商、能力、外貌与资产平平。但因为足够的耐心及关爱，仍能给女人带来安全感。因为再强的女人都有软弱的时候，特别是在恋爱时、生子后、生病忧愁时。

小莉那天告诉我，她的儿子管她叫“女汉子”，她哈哈地笑出了眼泪，为儿子说得准确而伤感，她确实是家里家外一肩挑的女中豪杰。

平时她要工作又要做家务，老公每天不紧不慢地上班下班，回家后除了在电脑前下象棋，就是“葛优躺”。有时，她累得发牢骚，难免闹矛盾，再后来宁可一个人做也不愿与他交流。

前段时间她家里的装修也是她一人为之。

本来，关于装修房子这种家庭大计，她是不想插手的，那些和装修工人打交道的活儿都是准备交给老公的。

但老公根本做不来，时常丢三落四，买了瓷砖忘记买角线，买了水龙头忘记买管子，改装水电弄得乱七八糟，每天都有装修工人打她的电话投诉，说男主人买的东西没法用。类似的事情多了，她抱怨了几次，他便索性撒了手，说，反正我也不好，那你来吧。她被逼上梁山。

一个女汉子就这么横空出世了。

小莉经常说："这年头，我们都雌雄同体了，还要男人做什么？有时真想一刀砍下去。"告诉他时，居然还笑："好啊，你砍啊。"他料到她不会的，因为男人还是要的，至少孩子有爸爸，但女人的心就此凉了下来。

3

女人，都有爱上暖男的瞬间，被温柔所俘虏。

比如周迅，那个爱情至上的纯女子，曾飞蛾扑火般爱过才子，被才华打动，不顾一切地爱过去，承受与对方才华相匹配的自我——阴沉、冷漠和不可理喻。

为了贪图那点爱，一次次受伤，她说："无论睡在哪里，我都睡在风里。"这句话真的很禅意，但怎么听起来，心好似破碎无力。

还好，将近 40 岁时，她嫁了高圣远，就因为他的暖。

她在访谈时说，拍雨戏时，高圣远总会拿一条干爽的浴巾等在摄像机后面，一听到"cut"就快步上前把她裹起来，她也配合着，甩甩发梢的水珠。笑着不说话，无语时，最为深情，爱到深处，天荒地老，表达亦是多余的。

很多男人不知道，现在女子大多独立，她们需要的并非物质保障，而是一种灵魂的归属感。

4

现在的真人秀，火了一大批好男人。

从不让媳妇做饭的黄小厨，贴心贴肺的长腿张亮，时刻给老婆安全感的黄教主。他们的暖不仅仅是会做饭，而是暖心贴肺的精神契合，流泪时的怀抱，交流时的温存软语，疲惫时的依靠。在女人心里，男人要有心，要温柔待她，懂得她要什么。

《诗经》里说的好:“知我者谓我心忧,不知者谓我何求？”

说的就是懂的人永远知道你要什么，而不是问你想要什么。

一个“懂”，差之毫厘，谬之千里。

一如那天，我偶尔听到表弟和他媳妇的对话：“亲爱的，等我下个季度赚了钱，给你买那条白金手链。”

“要那干啥？只要你对我好就行了。”

一个“好”，足以使人岁月静好、人生无惊了。

我有梦想，从此在自己的世界里闪闪发光

1

公园附近有一家女子会所，集中了护肤、健身与保养，因为很正规，价格也算公道，吸引了很多爱美的女子，我也通常会在写稿后或者旅行归来跑去泡个药浴放松一下。

美容师是一群年轻的女孩，青春妖娆，闲时喜欢聚在一起聊娱乐八卦，但经常接待我的盼盼不一样，每次我都能看到她捧着书在看，很特别，所以印象深刻。后来她知道我是个写书的，主动和我聊起理想。

她说自己的理想是做一名会计。虽然很难将美容师与女会计联系在一起，但我总认真地倾听。

她的父母很是重男轻女，要求读高中的盼盼辍学打工以

支持弟弟。因不满意父母的安排，她来到城市，辗转来到这家会所，老板很好，也支持她看书学习。盼盼说她一直努力地学习护肤手法，但从未忘记过理想。

她说自己一直在自学，早通过了会计初级职称考试，正在准备考中级的，每晚回到租房都会认真看书。因为底子太薄，又没有工作经验，只能死啃书本或者网上课件，一遍看不懂，就看两遍。她说："姐，您不知道，网上的老师讲课太好了，多听两遍就能听懂了。您知道吗？光是练习题我就做了三大本。"她用手比画出厚度。

如今这个世道，看过太多肤浅的努力，还有人选择孤独前行，只为了未来能体面地活着。

去年 10 月，我从外地归来，接待我的是另一个女孩子，她说盼盼不干了，她通过了会计师考试，也找到了新工作，在一家小公司做出纳。

命运可能亏欠过你，但通常会通过另一种方式还给你，就像她用了一种最简单粗暴的方式来将勤补拙，再回头看时，所有的安排都合情合理。

2

梦想是种子，我们随时可以在人生这片沃土上播种它，从年少到年老。

去年，刘姐刚陪女儿参加完高考，她就一个人飞去了澳洲。那次，她玩得很嗨，在澳洲的海滩上，她跳了一次伞。她说，当风在耳畔呼呼吹过，降落伞在身后砰地打开时，感觉自己像鸟儿一样翱翔，感受到了生命的自由自在，那种美妙感，半生都没有过。

刘姐说旅行就是重新找回自己。年轻时她就爱旅行，但她的家庭观念特别重，不能离开年幼的女儿，暂时没了自我。等女儿走进考场的那一刻，她才感觉使命完成了，重新审视自己的生活，灰扑扑的、紧张的、快节奏的。

年轻时走遍世界的誓言在耳，她甚至等不及女儿的高考成绩出来，就开始奋力地从旧壳中挣脱出来，顿时感觉天地都大了一圈。

那一个月她走遍了东南亚和澳洲，为了放松心情，她去的全是热带海滩，碧蓝的海水、湛蓝的天空，和年轻时想象了无数遍的天堂生活一样。这个梦想埋藏得太久了，久得一度让她认为，生活中除了围绕女儿与家，自己什么都没了。但梦想如同清泉，渐渐洗涤了她的焦虑空虚。

旅行归来后，她的足迹又踏遍了附近的山山水水，背着相机，拍山拍水、拍花拍人，去海边吃海鲜，去学习茶道艺术，在大自然中领会茶香与禅意，去学跳舞……年轻时所有快乐的种子像幼苗一样破土成长。

很多女人在孩子离巢后，被需求感的失衡代替了正常的生活，会失落、惆怅，甚至烦恼。刘姐却活得充实而快乐，她说，所有弓的使命都不是把箭矢留在弓弦上，当箭流星般飞向远方，留在原地的弓，也该有它的新天地了。

而她的新天地，就是实现梦想。

3

苏格拉底说过，世上最快乐的事，莫过于为理想而奋斗。

的确如此，新书上市的时候，我经常能收到读者的消息。

有读者留言说自己也喜欢写作，但总感觉没时间写。也有读者问我写作的题材来自哪里？都是真实的吗？你写了别人会不会生气啊？你是兼职还是专职？

各种问题，层出不穷，几乎每一条，我都会认真地回复，却发现问题几乎不是问题，因为有些事，只要想做就有时间。

我有工作，除了写作，还得抽出大量时间阅读，当然，那个时候你可能在睡觉、喝酒、K 歌。也经历过投稿无门，石沉大海，但我会买来无数本杂志研究栏目，我会主动加编辑的 QQ，聊写作需求，也曾在退稿时怀疑过自己的能力，更因为写不出好文章而差点放弃。

但我依然坚持每天写稿看书，慢慢地收到散发油墨香的样刊，慢慢被约稿，到后来开了公众号，被编辑留言出书，直到现在新书上市，一年签了三本书，被采访、被宣传。

没那么复杂，我的坚持缘于从未忘记初心。一件事，如果只停留在想想，那终究只是想想，努力却是力气活，是坚持和隐忍，需要憧憬和期望来配合。

4

有很多闲妇混夫，一边嗑瓜子、喝小酒，一边聊八卦，喜欢斤斤计较，擅长搬弄是非。这样的人是没有梦想的，即使有过，也成了空想。

别在想看书时没时间，别在健身时吃不了苦，别在升职时不努力，别在想旅行时羁绊太多，在现实面前将梦想生生地压回去。

一回头，却发现很多人在过着你想要的生活：辞职、背起行囊去远方，过了注会考试，或者那个闷头工作的同事不经意间当上了你的主管，几个月不见的朋友变得又瘦又美，原来她了学肚皮舞……

总之，想做一件事，必须跳出舒适区，否则梦想就成了笑话。

有这样一句话：为什么你听过那么多道理，依旧过不好这一生？同样，为什么有过那么多梦想，你却从未实现？

因为梦想不是想出来的，它需要脚踏实地，只有不断求索，才能找到真正的自己。

人生
总要留些余味

我喜欢有余味的东西，它能在心里住得久一些。

比如好的音乐，能余音绕梁。那天，刘若英在演唱会现场，一首《后来》唱到最后竟然泪流满面……她泣不成声，大概有太多的往事浮现。同一首歌，初识不知曲中意，再听已是曲中人，那份余味，让心事慢慢沉下来……

好酒也是这样，小酌一杯，余味就散落在唇齿间，留下纯净的恬淡。电影也是，日本导演小津安二郎说过："电影以余味定输赢，那些流传久远的经典之作会很讲究，懂得用缓慢细腻的镜头透出人情，而不是简单的刺激性画面和情节，能让人从电影院出来的时候，久久回味。"

做人也一样，要留些余味。

《一代宗师》里面有句台词，说到了心坎上："做羹要讲究火候，火候不到，众口难调，火候过了，事情就焦，做人也这样。”

朋友林蔄十分爱美，皮肤黝黑的她每月领到薪水，总是第一时间跑到化妆品专柜，听导购小姐游说一番后抱回一堆花花绿绿的盒子，一丝不苟地涂了又涂，希望某天醒来，皮肤真的能变成广告女郎那般又白又嫩。

可惜，不管她怎样坚持，那些价值不菲的化妆品，也只是起到遮掩的作用，晚上回家卸妆，揽镜自照，她仍是那个皮肤黝黑的丑小鸭。她不甘心，下次发了薪水，又去换不同牌子的化妆品，大有越战越勇之势。

直到有一天，男友再也无法容忍，下了最后通牒，再这样下去，两人就分手。这一次，她终于举手投降，从此只选些基本的护肤品。

后来，她对我感叹，我本来就不漂亮，可是为什么不肯接受这个现实，用了这么久的时间，又付出了这么大的代价把自己逼到两难境地，还差一点儿连爱情都丢掉了呢？

我想起另一位老同学，她长相普通，跟“漂亮”两个字绝对不沾边，但奇怪的是，每次遇到她，总感觉她极有品位，看起来总让人悦目。观察多次后，我总结出了原因，她穿的衣服都质地优良，线条简洁。她知道自己并不适合带有复杂点缀或色彩艳丽的衣服，她更偏向素淡的灰、清雅的蓝，多在饰品或包包发型上动些小心思，让全身的打扮浑然一体，大方自然。

某天，我去找她，她说手里还有些活儿，让我坐那儿稍等一会儿，然后继续埋头于办公桌上的报表，厚厚的一大摞表格，上面全是枯燥的数字，可是，她丝毫看不出来厌倦的样子，一页页地翻看，详细地核对数字。那一刻，阳光透过玻璃窗，静静地照在她长着小雀斑的脸上，我忽然觉得，这个神情专注的女人十分动人。原来，认真可以让一个不漂亮的女人变得如此美丽。

关于美丽，并没有统一的标准。设计师香奈儿曾说过："当你穿得邋遢时，人们注意的是你的衣服；当你穿得无懈可击时，人们注意的是你。"所以漂亮与否，重要的是做一个自然的人，有喜欢的事，并在这个领域做出成绩，那么，你一定会被人尊重，这种源于内心的自信和充实，会让你变成一个好女人。

爱情也一样。年少时，爱一个人容易爱得太满，眼里只看得到对方；经年后，才知道好的感情原来只用爱到八分，剩下的那两分，用来爱自己，给彼此一点空间和时间，留有余地，感情才能更长久。

而一段感情结束时，就好好告别，不纠缠不怨恨，从此在各自的世界里幸福，日后回想起来，尚且还有美好留存，散发淡淡的余味。

我常去的那家瑜伽馆里有一个教练，她经历过两次婚变和一次婚外情，用她的话说：“整颗心都碎掉了。”她大哭一场后，决定自救。

她专心地抚养孩子，开始了没有爱情的生活，每天晨跑，练习瑜伽，两年多来不分昼夜地练习，加上身体条件好，她晋升成了教练，进而跟朋友合开了一家瑜伽馆，不仅有了稳定的收入，还有了优质的朋友圈，几年后孩子也考上了理想的学校，生活就这样慢慢地铺陈开来。

她说遗憾的是还没遇到相爱的人，但她不着急，她会等，如同冰心对铁凝说的“你要等”。

后来，再遇前任，内心也很是释然，自己过得好，才不会活在往事的对错，也不会纠结于往日的情怀里。

人生一世，难免会遇到各种失衡，在不断寻找平衡的过程中生活给我们的磨难越大，重建平衡的难度越大，重建之后的平衡能力就越强，段位就越高。会生活，就是不断在打破和建立平衡中，寻找和建立自信和舒适的自己。

哪怕曾经太完美。

多年以前，初入职场，大家都是年轻人，从事的又是新项目，加班、不能准点吃饭，都是再正常不过了。可是碰到一位前辈，每次一到饭点，她就会笑着说："吃饭时间，不干了，啥事也没有吃饭重要，至于加夜班更是不可能。"好在她业务精、效率高，从没耽误过事，大家便也无话可说。

后来听说，她的家世很好，也嫁得不错，丈夫英俊潇洒，仕途也好。可是突然有一天，丈夫查出了绝症，她每天以泪洗面，精心伺候，维持了不到一年，他终于还是离她而去。

她曾对闺蜜说，丈夫临走前再三叮嘱她，该吃饭吃饭，该睡觉睡觉，凡事不争不抢，能多活几年，该给你的都给你了。

一晃十多年过去了，偶尔遇见，竟然看不出衰老，时光好像没在她身上留下明显的痕迹，她依旧单身，工作岗位也维持不变，可是，从她打招呼的神采飞扬和紧实挺拔的身材，谁都看得出她过得不错。

剥开华美的外衣，谁都经过千疮百孔。

张幼仪和徐志摩离婚之后，抹干眼泪，做了徐家的干女儿，甚至和徐志摩、陆小曼合开服装公司，以独立、宽容的强者姿态成就了自己；张充和结束不婚生涯后，随傅汉思远走美国，不能生育就领养孩子，换个环境寻找平衡；杨绛在痛失"他们俩"之后，一个人独自收拾战场，读书、写作、锻炼、自我修复，继续从容、安静地生活。

这就是生活，完美的表象下面全是一地鸡毛，但聪明的人总活得不那么用力，给自己留几分余地。

这样才能不浮躁不匆忙，细细品尝生活，让日子过得生动绵长。

歌有余音才绕梁三日，饭有余味才齿颊留香，电影要靠余味定输赢，人生也一样。

在你的眼里，我看到美妙的诗歌

看一个人，我喜欢看她的眼睛，因为眼睛是心灵最直接的反映。一个眼里有光的人，即使衣着普通、谈吐低调，也会从人群里脱颖而出。

上个月的签名售书活动中，我遇到一个女人，立刻被她吸引了。很奇怪，那是我第一次见到她，并不是很漂亮，但她的眼睛很特别，后眼角微微下垂，折射着她的喜怒哀乐，笑起来眯成一弯月牙儿，忧愁时想必眼睛里能下雨。

那天，她眼里闪烁的光芒很耀眼，活动是她的先生陪她一起来的。线下交流时，我能感受到两人之间浓浓的默契与温情，这是一个幸福的女人。

她只问了我一个问题：“在写作者的眼里，幸福是什么样子？”

我没有回答幸福是田间足下，也没说是快乐地得到与开心地付出，我认真地看着她的眼睛说：“应该就是你现在的样子。”

她一直等到我活动结束，只为倾诉她的故事。她告诉我这是她的第二次婚姻，与他相遇时，正是她一生中最糟糕的时光，她是中学英语老师，破碎的婚姻将她弄得疲惫不堪，父亲也被气到住院，高级职称被对手顶替，万念俱灰。

父亲住院时，他是主治医生，即使她每天妆容精致，夸张地笑，他也能看出她的不安与躲闪，很微妙。他目光柔和、举止沉稳让她很有安全感，就像欢乐颂里的赵启平一样，有轻微洁癖，端正做事，喜欢收拾屋子，喜欢看厚厚的书，他世界里的理性和洁净，保证了他做事的定力和持续性。

因为那份踏实感，她和他走在一起，闲时看画展、听音乐会、去郊外踏青或做一顿饭，总之令她放松而充实。她越来越快乐，精神也饱满起来，就有了现在她笑起来眼睛弯如新月的样子。

我们都知道，人的眼睛是不会骗人的。有一种“读心术”——就是看你的眼睛，因为一个人不快乐或紧张时，瞳孔会收缩；说谎时，喜欢左顾右盼；开心了，会不自觉地眉毛轻扬，面带笑容地睁大眼睛。

很喜欢西班牙画家丽塔·卡贝鲁特的作品，她擅长通过肖像传达情感，用画笔赋予了画中人物的各种情绪，双眼充斥着悲伤、沉静、空洞、狂喜或轻蔑。

她年幼时遭母亲遗弃，生活颠沛流离，尝尽人间百态，她曾描述过自己的童年：和所有流浪儿一样，在巴塞罗那的街头闲逛，晚上睡大街，所幸 13 岁时被领养，养父母让她接触到了艺术。艺术感染了她，苦难又赋予她灵魂的深邃，才有了画中人物无论低眉或昂首，总能透过眼睛告诉世人曾经历的种种。

戈蒂埃说：“眼睛是透明的，通过它们，可以看到心灵。”

那份透明是了然，能让人一眼看穿另一个人是否幸福。

很多人喜欢用听来探究别人的内心，但是说出来的话未必是最真实的，而再怎样世故圆滑的人，眼神都“说”不了谎。

曾参加过一场隆重的饭局。

其中一位女士成为主角，她衣着华丽，容貌精致，举手投足透着贵气，有人偷偷地告诉我她的背景惊人，是个让很多女人羡慕的角色。

我看着她，心里不以为然，她举手投足透着夸张，眼神飘忽，挂着招牌式的微笑，整个人坐立不安。后来听说他们夫妻关系不好，只是顾及着双方家世及地位维系着。

龙应台说过，幸福就是不恐惧。

的确，没有安全感的情感是一种折磨，就像《人民的名义》中的梁璐和祁同伟，那种空洞的维系，倒不如她得知他死后吐出的那口气舒心。

反倒是坐在我边上的一位大姐，讲话不多，但眼里透着淡然与温暖，有一份平实的安静。

眼睛是心灵的窗户，当你注视他人时，往往能读出很多内容：希望、渴求、幸福或哀伤。

我看朴树亦如此。

在一期《鲁豫有约》上，朴树又一次袒露，自己其实很脆弱，有些娇气，甚至一度想过“放弃生命”。

他说，这些年病了很久，没有什么具体的病，就是西医指标一切正常，中医一看身体全部乱套，也许是长期抑郁造成的，这是挑战身体所付出的代价。

“它们像凌迟，漫长的侮辱。”这让朴树曾对生命充满了怀疑和恐惧。

我以为他会像其他音乐人那样，在节目中大谈特谈音乐是如何拯救自己的，他却直接说：“音乐对我没有帮助，能量大的音乐能突然缓解一下，但是大部分的时候，一切都没有作用，只能靠自己的承受力。”

音乐对他是生命中最重要的东西，但要爬出潮湿的地洞，还要依靠自己的力量。

在那些不断坠落的日子里，他忽然发现人生大多数时候像是一部黑色电影，褪去无知少年时代的光环和滤镜，发现生活无处不丧。他开始每天都在挣扎，和内心不断较量，最终穿过人山人海，找到了唯一要走的路，并在其中和世界和解，他知道要做一个平凡的人，一个正直而纯净的人。

在治愈自己的过程中，反思自己，直面自己其实就是勇士，也是成熟的创作者所需要的。

谈到音乐时，我看到他的眼睛如乌镇的水，落寞着，却波澜不惊，同样他也毫不掩饰曾经的野心与坚持。

访谈中，看到他在录音棚内和调音师反复打磨，不停地尝试和修改，他对自己要求很高，神情笃定而专注，不允许丝毫的妥协与懈怠，就像他在《FOREVER YOUNG》中写下的宣言：

“JUST 那么年少，还那么骄傲，两眼带刀，不肯求饶。”

40 多岁的朴树摒弃了一切虚假，只是不想辜负最初的本心。透过他有些沧桑却又依然干净的眼神，从他袒露的心路历程，我看到了那种正在日益消亡的真实。

他的真实，是这个时代的稀缺品。他的头发花白了，皱纹爬上了眼角，可是一挥手、一抬眸、一扬唇，每一个神情和姿态都依稀可见那个真诚害羞的少年朴树。

一个热爱生活的人，眼神里带着热情的光芒；生性暴戾的人，眼里透着凶狠；终日浑浑噩噩的人，散发出来的总是茫然空洞；肤浅的人，眼神看起来飘忽不定；羞怯的人，眼睛会左右避开对方；沉静的人，永远是平和温暖的。

多年前，我曾陪着儿子上绘画课，那位绘画老师在市里很有名气，是一个中年女人，大概生活压力大，浑身透着疲惫，并没有我想象中的那样清高脱俗。她和那些陪孩子报名的家长们聊起家长里短的琐事，整个人看起来毫无生气，我心里担心将孩子交给这样一个人是不是消磨时光。

后来有幸见过她上课的样子，看到她拿起画笔，铺开宣纸，将颜料晕染，整个人开始变得柔和，眼里的那束光芒亮了，和聊天时判若两人。我知道她是真心热爱绘画的，因为人只有真心热爱一件事时，才会很容易散发出光芒。

“在你的眼睛里，我看见了美妙的诗歌。”这一句诗折射了人类最朴素的情感。

流年无痕，呢语有声。

原来身体的神秘，自己知道，而过得好与不好，心知道，眼睛也知道。

辑五 最简单的美好，是对日常的深情

我心有山川湖泊，也有细碎的爱

1

三月，我出差路过重庆，有小半天的空闲，坐在机场犹豫着给小叶子打了个电话，问她想不想见我。

她满脸答应：“见啊，一定要等我啊。”

一个钟头后我看到她疾步走进大厅，白T恤牛仔裤，这个靠着一支笔混迹于各种互联网公司，挣了一份江湖地位的女子，身上有一种我熟悉的自由散漫的气息，从网络到现实，我们竟没有丝毫的陌生感，似乎很早就在文字里见过了。看到她秀气的眉和柔顺的长发，我顺口夸了她几句，她笑着说：“刚才送孩子上学，来不及化妆，又怕你等得着急，在开车等红灯时画的眉毛，还不错吧。”

我想象了一下，等红灯时她对镜梳妆的模样，这该是很多女人都有过的举动，放下前镜，整理头发和丝巾，或者涂点口红，一点点小动作，有时因为太投入，后面的车按喇叭了，一抬眼，变成了绿灯。

我知道她是个注重细节的人，很多美与礼貌都藏在所有铺陈的细节里。她拿

出重庆特产给我，收下来，眼圈居然红了，那都是我平时和她聊天时垂涎三尺的小吃，想想短短一个钟头内她要送孩子要化妆，还要买特产，该有多急促啊。

人生总有许多令人感动的事，就这样从细节里一寸一寸地走进自己的心。

2

一个男孩子失恋以后，便一直是一个人。

他默默地保留了很多前女友的旧物。当某天他得知她的婚期时，居然开着车跟在婚车的车队后面，默默地护送了七公里。

他一边开车一边像个孩子般号啕大哭，脑子里反复出现两个人在一起的画面，同车的兄弟劝他未果，他哭着说："我就是忘不了我们在一起的细节，那些过去告诉我我有多爱她。"

直到兄弟偷偷给他的前女友发短信，女孩发来短信：对不起，别追了，就送到这里吧。

他才慢慢停下了车，目送着车队越走越远……

有风吹过来，渐渐地把两个人的距离越吹越远。结局虽然遗憾，但那些感情甜美的细节，在未来会一点一滴地显现出来。

北岛曾经说，我们生活在一个没有细节的时代。他在大学里教写作，让同学们写写童年，发现几乎没人会写细节，这非常可怕。因为商业化的时代正从人们的生活里删除细节，一个观念出来，大家纷纷跑去跟风。

说话也是一样的，有些人，说话除了炫耀就是抱怨，却听不到任何清新动人的细节，所以，有些话越说越累人，越来越多的人不愿真诚开口。

这个时代，每个人都追求快，只求曾经拥有，马不停蹄奔向下一段感情、下一段欲望，得到的只能是感情的梗概和苦涩。却忘了，有些人与事是需要时间的，那些点点滴滴的欢悦，也需要时间。

加拿大诗人洛娜·克罗泽曾写过一首叫《欢愉在于细小，在于沉默》的诗：

欢愉在于细小，

它只占据心灵一角。

它形成于季节和风，

是一棵青青的小草，

是一朵无名的小花，

让芬芳在微风中轻飘。

头脑里闪过这首诗时，我正站在厦门的一家书店里。这是一个很注重细节的书店，比如一本关于钓鱼的书，它不是扎在书堆里变成那种大路货，而是营造出这本书的氛围——四周是书、鱼竿、休闲椅、便当、背篓，还有防晒霜，他们在营造一种钓鱼的细节，将书和生活紧密相连，展现人与细节亲身接触所带来的温度、爱与亲近。

很多人不喜欢逛大书店是因为压抑、沉重、累、没有乐趣，反倒不如某些城市街角里的小书店，几把竹椅、半盏清茗、满地碎阳、一卷闲书来得悠然惬意。

慢慢看，细细品，是慈悲，也是恩惠。

3

有一位阿姨，也是一个注意生活细节的人。

那时她们家虽然住在一套只有60平方米的旧房里，阿姨却打理出一个漂亮的花草露台。

夏天的黄昏里，我总会以各种理由赖在她家，常发呆地看她穿着一件宽松的布裙走来走去，然后把冰镇西瓜挖空了盛着凉面端出来，浇上芝麻酱，再喝上一壶绿豆茶，说不出的清凉美好。

她端着西瓜凉面走向露台时香风习习，伴着夏天的蝉鸣，花草摇曳，这样有创意又漂亮的细节一直留在我的大脑里。因为她，我开始渴望美好而淳朴的邻里关系，砥砺前行的君子之交，渴望人与人最简单真切的互动。

前些日子我与一位兄长聊天，他谈起自己刚刚读了大学的儿子。

他说孩子上小学、中学时因为工作特忙从未接送过，但读了大学后，他反而每个周末都送儿子到同城的大学，这成了一件让他特别愉快的事。因为一路上可以聊天，什么都聊，边走边说，一两个小时的路程，父子俩都很享受。路上有风吹，有鸟鸣，有甜点铺和爬上了铁栅栏的粉蔷薇，招摇在四五月的清晖里，还有儿子青春的脸……

当然，不爱做饭的他因为儿子爱喝粥而反复研究，自创了一碗经典的粥，只要孩子在家，他都会亲自熬粥，天天熬。因为多少带着他的个人风格，成了他的招牌饭。他说，希望儿子离家时每每想到这些细节心里都是暖的。

我听了很感动，这个世界再怎么喧嚣、浮躁、动荡、变迁，总还有无可替代的深情与简洁纯粹的爱存在。

保持某种真心，做个能讲出细节的人才重要，这样的心灵才能互相碰撞和滋养。

4

张爱玲和胡兰成分手后，胡兰成一直记着一些细碎的情节，比如张爱玲喜欢闻气味——别人不喜欢的气味爱玲都喜欢，雾的轻微的毒气，雨打湿的灰尘，葱、蒜，廉价的香水味，还有汽油，有人闻了要头晕的，她却特意要坐在车夫身旁，或是走到汽车后面，等到它开动的时候“布布布”地放气。还有她每年都用汽油擦洗衣橱，满房都是那清刚明亮的气息，还故意放慢了手和脚，让汽油大量蒸发。

后来，有人求证，问她。她说：“回忆这东西若有气味的话，那就是樟脑的香，甜而稳妥，像记得分明的快乐；甜而怅惘，像忘记了忧愁。”

说这话时，她不动声色，但只怕心里早就波澜起伏了吧。

魂兮归去，或许才是相爱一场最好的收场。

5

人到中年，我开始喜欢那些注重细节的人，因为细节微妙，能让人心潮起伏，在浮华的灯影里看到心灵的最深处。

接受一份工作时，是因为对它有兴趣和热情，而不是因为它让自己一辈子有饭吃；做某件事，是因为发自内心的喜欢，点滴真实；在路上旅行，离开某个城市，交往某个人，全都凭着那些能让内心热情的细碎。因为生活对这样的人来说，从来都是自己的，眼前的细碎热闹，才是最重要的。

一般能将细节做到极致的人，通常是温暖沉稳的人，他们懂得这份细节是空山闻惊雷，午夜听花语。

即使美好只是刹那，也足够矣。

到底是有过的……

世界的模样，取决你凝视它的目光

1

周末小聚，席间有人提议自拍。

拍出后却发现太黯淡了不好看，苏沫却不慌不忙地掏出手机，调到电筒模式，用光线照着大家，再拍出来的照片立刻靓丽许多。

很多人夸她聪明，只有熟悉的人才知道这来自她精神层面的光源，让她在人群里夺人眼球。

那年春末，我和她去嘉定小城，临走前去了当地的竹刻馆，看到一个小巧的古代仕女臂搁。她说喜欢包浆表层慢慢凝厚的光，像贴身的古玉生出了岁月的香。她站在臂搁前，时光流转，百媚千回，我静悄悄看痴了过去。

这些年，她沉浮于股市，行情好时，看着大盘做生意；行情不好时，就去练练瑜伽做美容健身，很少一惊一乍于股市的跌宕起伏，却总能神奇地跑赢大盘。她说："做股票是投资，但别忘了对自己投资，这种投资永远不会亏本，在哪里用心，哪里一定会有回报。"

听她从容不迫地讲话是一种享受，没有唠叨和八卦，与身边人分享着趣闻及心情，让你觉得有营养，这种人简直自备小太阳，享受生活的同时，也照亮了别人的生活。

2

叶锦添评价周迅时有一句话："她会带着我的衣服朝着她自己的方向走。"

这个方向，有高有低，全凭悟性。

我的同学胖蓉也是一个有方向的女人，她热爱着生活里一切美好。

她曾念念不忘龙脊梯田喝过的一杯粗茶，那是山里人自己喝的，黑黑的，散装的，她说当时山风清凉，吃着粗茶淡饭，茶却香洌无比。比起都市里茶器、茶具的矫情，那种原始、开放的才充满了活力。

我笑问她："原来属于那种环肥燕瘦的'环'，莫不也是喝了减肥茶？”

她得意地说：“节食、运动，仅此而已。”

细了解才知，实际上，并不是“仅此而已”这么轻巧。自从下定决心减肥，她的一日两餐就变成了：早上一根黄瓜、一杯酸奶，中餐在单位食堂里解决，晚餐就省了。

当然，食堂的饭菜，大多同事都觉得难吃而不得不吃，还没下班就开始喊饿，得补充一些小点心。蓉却十分喜欢，说油水少，刚好减脂，她坚决不在饥饿时加餐，出去应酬，也绝对有坚定的意志力，抵抗来自美食的诱惑。

过去她不怎么运动，现在却成了一个运动达人，坚持走路跳绳，每天运动超过两个小时，她说美是要付出时间和精力的。

她最近正出门旅行，自己制定出游攻略，背着包拜访陌生的城市，住陌生的小镇，品尝陌生的美食，爬陡峭的碎石坡，住别致的小客栈，当然，一个人。

她的毅力从何而来？

她说，女人总要活得有腔调啊。我想这个腔调就像《小王子》里的那句话：你在你玫瑰花身上耗费的时间，使得你的玫瑰花变得如此重要。

而你，就是自己的玫瑰。

3

微信上认识的同城女子，因为喜欢而一再索要我的签名书。我们约好了在新商业街的冷饮店见面。到了之后，我看到她在抽烟，她的手指纤长，把一支烟轻轻裹住，手上戴着价值不菲的戒指，背着名品店的包，衣服看起来也贵得离奇。

远远地看她抽烟的姿势，有一种自恋的秀，无法自拔。她翻着我的书，抽着烟，抬起眼来看我时，眼底闪过一丝羞涩，如孩童一般。

我静下来听她的故事。

她有一家烘焙店，且手艺高超，每天在自家微店推出各种手工饼干。她做的蔓越莓饼干、茶籽饼干在网上都有很高的好评率。每周仅是同学、邻居、闺蜜下的单就超过了上百份。

她简直忙不过来，雇了一位小姑娘，每天帮她采购原料、打包，还要在每份点心上写下简短祝福。

有一次，忙完一位客户为公司聚餐订的200份饼干时，已经凌晨两点了。她感慨半年前，自己居然有时间每天和出轨的老公纠缠吵闹十几个小时，整天被眼泪泡得面目浮肿，很想冲过去对旧日的那个自己大喊一声："你怎么那么傻？"

过去傻，是因为被十多年的婚姻磨掉了自信，离心不离家的老公偶尔回来，不断的挑剔与挑衅令她方寸大乱，溃不成军。

那时，她发现除了那个男人，自己什么也没有。情感破裂发生得猝不及防，在婚姻接近幸福饱满圆熟的时刻，犹如夜空中的烟花，盛放后就掉头急速坠落，湮灭于暗夜。

覆巢之下，十多年来种种欢乐悲喜也被这场不体面碾压殆尽。

为了排遣痛苦，她疯狂地揉面做饼干，慢慢地有了方向感，内心如同春天抽芽的枝条，散发出灵性与欢洽，将丢掉的信心，又一点点捡回来了。

很快，她在饼干订购圈发展了一批铁杆会员，每个月都组织一次“烘焙课”，课上吟诗唱歌，选出句子，打印在自己的饼干袋上。再遇见时，见她换了新发型，修了眉，愁苦之气一扫而空，整个人显得淡定、从容。

她的面不改色，让那个男人心中发虚。

听说，有关离婚的谈判还在进行，但那个人已无法藐视她的存在了。因为这些年，那些曾被她视为畏途的事——自力更生发展生意，与各种人打交道，在烘焙团队中充当创意师和组织者，她都做到了。

所以，当有人问她：“前夫的仇什么时候报呢？”她大笑三声答道：“现在我过得如此幸福，谁还惦记那点儿破事啊！”

很多力量，从来不是一蹴而就的，是在时间淬炼下生成的，好的方向感磨去了生活的凌厉，重新给了她体面。

然后，才有了她拿着烟，不动声色，眼底保留着那一丝丝羞涩的模样！

4

世界的模样，取决于你凝视它的目光。

尤其对于女人来说，很多人在经历了结婚生子，成家立业后，没有更多的精力花在心灵上，活得繁杂而虚无，没了方向感的人生，精神一片荒芜。

有一段话说：“就怕女人，生命是厨房的，收入是商场的，财产是没有的，成绩是上司的，身体是男人的，时间是小孩的，只有雀斑和皱纹是自己的。”

如此，才是悲哀。

海明威说过：“生活总是让我们遍体鳞伤，但到后来，那些受伤的地方一定会变成最强壮的地方，优于别人并不高贵，真正的高贵应是优于过去的自己，你可以消灭我，但你无法打败我。”

美好的生活一定是这样的：好好吃饭、欢喜喝茶、静静翻书，一日喜乐无恼，一夜安眠无梦，这一切与物质无关，但快乐。

当然还要有足够的勇敢、自信，才能不念过去，不畏将来。

最简单的美好，是对日常的深情

1

我喜欢一些简单细碎的东西，因为那才是真正的生活。

身边有个小女生谈恋爱，谈得踏实妥帖。男孩爱唠叨，每天打电话给女孩，从来没有什么艺术的话题，全是吃喝拉撒，比如：你今天吃了什么？明天要降温了，记得穿厚毛衣，白天要多喝水，少喝碳酸饮料……

女孩学给我们听，总是一脸的不屑：“他这样唠叨，简直比我妈还我妈。”

很多人都说，这个男孩连恋爱都不会谈，现在的小女生都喜欢浪漫，谁会喜欢这样木讷内敛的人呢？

那倒未必！

2

无独有偶，另外一个女孩也有了追求者。

比起前一对要来得高雅许多。几乎每天晚上，男人都手捧鲜花来接女孩下班，手里拿的不是音乐会票就是热门影票，女孩说每次约会不是去吃西餐就是韩国料理。

男孩的经济条件很好，人也长得很帅，所有人都认定他能俘获女孩的心。

结果呢？

倒是那个每天对女孩唠叨的男孩修成了正果，半年后两人喜结良缘，而那个富家子却不见了踪影。

后来才知道，他虽然追求得热烈，每天不见面时总说想念，但是有一次女孩半夜发烧，他打了一夜的电话陪伴她，说了三四个小时，却忽略掉她说家里的药没了。还有一次女孩的钱花完了，下个月的房租没有着落，他也没有说要帮她一下，他对她的爱仅停留在表面与口头上。

一年后，那个结婚的女孩生了孩子，两个人开始人间烟火的日子。

后来，再见到她，胖了许多。老公仍和过去一般，对她说不要减肥，女人胖一些才好看。每天依然唠叨她不会过日子，却仍在发了薪水后问她还要不要那条看好的裙子。每天笑她和孩子争果冻，却不会忘记去超市时多买一盒带回家。

所谓爱，就是要把情话落实到穿衣、吃饭、数钱、睡觉这些实在的事情中去，才容易天长地久。

3

记得《三生三世十里桃花》里，有一段夜华和白浅在狐狸洞的日常生活，夜华每天给白浅做饭，他不在白浅就吃枇杷，所以她想招一个灶间的弟子，这样即使夜华不在也有人做饭了。

夜华却将所有人打发走，他说："没人可选得上，因为我没打算让人代替我给你做饭，虽然你不会做饭，但我们两个有一个会做就行了。"

相信很多女子为此唏嘘，这才是爱到骨子里的表现，既有风花雪月的美好，还有油盐醋茶的琐碎。他把白浅看得很重，也很在乎。

重要到得知白浅要去取神芝草，打算将自己的半生修为炼成丹药，以助师父早日醒来时，他便默默地去了瀛洲，和看护神芝草的灵兽拼个你死我活，最后断了右臂拿回神芝草。

当他把含有自己大半生修为炼成的丹药交到折颜手里，说了一句："不要让浅浅知道，她这个人最不爱欠别人的人情。"

这些隐忍和缄默，其实都在白浅的眼里发生。那份情最真，那份爱最贵。上一世的很多恨在心里如同潮水一般慢慢褪去，永不再回来。

十里桃花，万里长云，星沉月落，只待余生陪你一走过。

这些，夜华懂得；白浅，也懂得！

4

那年夏天，我拉着赵姐去看林忆莲的演唱会。

回家途中，我有些意犹未尽地和她聊起演唱会。她却轻叹一口气，感慨道："她真可怜啊。"

我一时没听明白："谁？你说谁？"

"林忆莲啊，你想想，她比我还大几岁，四十多岁的人了。还要穿那么高的鞋子在台上又蹦又跳，多不容易。"

我愣住："你竟然有这种想法，你知道人家一场演唱会能挣多少钱吗？"

"我不知道她能挣多少钱，可我知道这个年纪的女人，钱再多也不如过得安稳，不如有个好男人、好儿子，不如有一个温暖的家。"赵姐的一席话让我目瞪口呆，细细想想，却又无从反驳。

她又说："到了我们这个年龄，保持身材多难啊，她肯定要挨饿减肥，现在孩子还小，她至少还要再折腾几年。"说起来，这个一直被诸多歌迷追捧的女人，用很多年的时间爱一个男人，可终于能和他在一起并有了孩子时，爱情却走到了尽头。

于是，早已久违歌坛的林忆莲不得不重出江湖。

赵姐的老公只是一家公司的普通职员，他们结婚近二十年了，一直住在两居室的老房子里，小日子过得其乐融融。每逢假期，一家三口就到周边小镇旅行，花很少的钱，享一路的快乐。

她有时也感慨老公不懂浪漫，对情人节满大街的鲜花视而不见，却懂得给她做几个可口小菜，也会在两个人刚闹过别扭时戴着一次性手套，裹上围裙为她染头发。

有一次我们故意问他："为什么不去理发店？那里染得又快又好，在家里多费事啊，一不小心还会弄得满身满手都是。"

他立刻眼一睁，大声说："理发店的产品怎能信得过呢？大多是三无产品，长期用会对身体有害的。"

赵姐就和我偷偷挤眉弄眼地笑起来，相比之下，她真的比林忆莲幸福——只是很多人不知道，人生需要这样比较。

直到现在，我依然记得台上那个光芒四射的女明星，更记得台下另一个普通女人的平静知足。

三春花事终收敛，我知道，那份平静知足在大多女人心里，并不在璀璨的舞台上，而在凡俗细节的深情里。

5

最简单的美好，是有烟火气的。

浮世的烟火，大概要的就是那一点点暖，就像阮玲玉在碟中唱的："只为那一点点光火一点点爱，往前飞着飞着……"

过去，我总以为张爱玲是冷的，其实她有一颗炽热的心，焐着这冷的人间。想想就心酸，她拼了命要爱，胡兰成却不肯给，花心地去爱别的女人，她没有杜拉斯那样坚强，也没有三毛的洒脱，这样的坚强洒脱，痴情的人，都做不来……她要的纠缠其实就是那份烟火生活——病了，有人给你倒一杯热水；困了，有人给你盖被子；馋了，有人给你做好吃的……

一个个小细节，比起男欢女爱要瓷实得多，更比坐在保利剧院里谈情说爱来得厚实。总之，那些灌进了简单琐碎的小日子，比起虚幻的山盟海誓或偶尔的一掷千金，都来得美妙得多。

好像那盛着饭的碗，未必多精致，却真实、温暖，又让人觉得稳妥熨帖。

我想和你在一起

1

我们对于时间的惧怕是与生俱来的，因为它是个孤单而任性的孩子，才不管我们是多么奢望它可以停留——不，它才不会多停留半秒。它就这样，看着我们今年欢笑复明年，秋月春风等闲度，看着我们成长抑或是败落。

这次去北京，我见到了一位亲戚的孩子。

原本在我的印象里，她是个胖乎乎又有点懒的小女生。不注意形象，爱吃肉，平时永远是一件T恤牛仔运动鞋，周末喜欢睡懒觉不吃早饭，晚上又狂吃，常常蓬头垢面地跑进地铁站与写字楼。

这次却发现，她好像变了一个人。

每天晨跑前，她会拿出昨晚备好的早餐食材及水果；晨跑后，简单冲洗的同时，她的烤箱里弥漫着曲奇的香味，加上料理台上新榨的果汁，小日子过得简单却活色生香。

上班前会化好淡妆，穿上得体却不束缚的衣服，留出多余的时间应付路上可能发生的未知状况。因为生活得井井有条，整个人散发出清新美好的气质。

原来正在相处的男友是个努力上进的小伙子，每天清晨在手机上呼她晨跑，叮嘱她每天不要睡得太晚和睡得太久，教她掌控时间的同时也掌控曼妙的人生。周末带她去做一种叫掐丝的手工，耐心地将金银等金属细丝，按照墨样的花纹，掐成图案，粘焊在器物上，人也变得沉静专心。

有时去附近的福利院做义工或在一些公益活动里做志愿者。

当然，更多的时候他们会去参加一场读书会来提升内涵或去图书馆学习专业知识。

在生活被安排得像时钟一样精确的时候，她也感觉更加充实了。读好书，交高人，实在是人生两大幸事。

因为他积极的人生态度与良好的生活理念，她的人生也开始光彩照人。永远不要小看一个积极向上的人，和这样的人做朋友，他教给你的，远远不止开心这么简单。他能改变你的成长轨迹。所以总要多留些时间给对的人。

2

知乎上有一条提问：和对的人在一起是什么感觉？

有个答案说："就像房间突然黑了我不是去找灯，而是去找他。"他就是那个对的人吧。

晓晓结婚后，所有人都发现她变了。从穿衣风格到精神面貌，状态不是一般的好。有人逗她人逢喜事精神爽，她却一本正经地说嫁了个好丈夫，这样公开秀恩爱的还真不多。

她说，自己最爱买衣服每天却不知穿什么，还是老公针对气质帮她定了位。劝她别在淘宝瞎买，闲了就带她到专柜试穿，衣服虽然贵了许多，但衣品却提高了好几个档次。看着花钱多了，实则更省了。

原本不爱吃早餐不爱运动的她，婚后才知道人生还可以这么活。

早餐不仅要吃还要吃好，鸡蛋、面包、牛奶，清粥、笼包、水果，谷维素、维生素缺一不可。

而每天早起一小时的清晨是赚到的，原本每天赶地铁那一刻头都是晕的，现在每天清晨被他带着跑上半小时，出了汗冲了澡，再吃过他精心搭配的早餐，一整天都神清气爽。

后来，运动渐渐上瘾。就连冬天，也是天不亮就起床跑步，偶尔出差，晚上也会拍几张酒店健身的照片发过来。两个人你中有我，我中有你，两颗心相互鼓励着。

因为心里有爱，过去娇弱的她现在越来越健康，做事也变得沉稳条理。她的老妈逢人就说："原来找了个好女婿，等于赚了个好儿子。"

当然，并不是所有人都那么幸运遇到一个对的人。因为，相遇本身就如同赌注，对了，就赢了；错了，亦安然，大不了重新来过。

3

桑丫头是在 8 年后，才发现离开前任是无比正确的。

恋爱时，她的妈妈死活也不同意，认为她的男友是个小混混，每天就知道酗酒、抽烟、不思进取，她却信奉爱情至上，认为自己能拯救他。

开始男孩还很收敛，后来觉得反正她也离不开自己，渐渐有些放肆。

在一起的五年，她一次次在出租屋里堵到他和陌生的女人才发现渣男的不可救药，声嘶力竭后才发现被消耗的只有自己，她终于决定放手。

所幸，后来终遇良人，旧伤抚平，人也一天天重新绽放起来。

某天，她牵着 6 岁的女儿走上街头，看到前任光着膀子坐在大排档喝酒吃肉，和女招待打情骂俏。

听说他现在离了婚，将幼子扔给年迈的父母，每天依然浑噩度日。

想到这里，她低下头，为当年的任性而愧疚，更为那些年迷恋他的无知模样而羞愧。

4

有人称民国的女作家萧红和白薇为两朵双生的苦菜花——一个被男人折磨而早逝，另一个虽然长寿些，却苦难一生。

比起萧红过早地含恨离去，白薇对自己有种残忍的杀气，在杨骚的来回捉弄下开始自毁自虐。

那个文字流氓一遍遍对她说："我是爱你的，但我要去体验一百个女人，然后疲惫伤残，憔悴得像一株从病室里搬出来的杨柳，永远倒在你怀中。"

除了撩拨她的心，又传染了她一身的性病，甚至在准备结婚那天做了逃跑新郎。这个悲苦的女人，一生也没逃开他，两人的情感纠缠20多年，终究无言，爱慕白薇的男人不是没有，她却在一份吃力的爱情里，消耗一生。被折磨多了，原本温和的女人变得喜怒无常、多疑、暴躁。

说实话，她的文学成就，她身后的名声，没能配得上她所受的苦难。

张爱玲比起她俩，就好很多，因为她摸得清男人的真实，虽然胡兰成的滥情几乎毁掉她的半生，所幸后来能决绝离开。

幸遇赖雅，至少在赖雅病倒之前，她又过了几年岁月静好、琴瑟合鸣的日子。

5

毛姆说过："每个人的心上大概都有一个缺口，等待着一颗形状合适的心，来为我们灵魂填写上这个空缺。"

而能为我们填上这个合适缺口的人，有可能是上学时期的老师或同学、职场的上司或同事、成家后的爱人。他们犹如神明，教会我们爱与努力，永远不因卑微心生疲惫，也不因自大而空虚妄为。

当然，为了相遇，自己也要成为更好的人，这样的人生，无论经历多少沧海桑田，最终都必定幸运！

最深的绝望里，
总能遇见最美的风景

我喜欢秋夜，清清的凉，看月亮挂起来，好像在晾晒忧伤。

那天，我开着车穿行于夜色之间，秋天的长风浩荡，穿过深夜寂静的街，路边凋零的树叶，更显得街道异常萧瑟。

路过物业时，刘师傅敲开车窗，递给我一张来自广西的明信片，是Liying寄来的，潦草的字迹写着：“这是美丽的龙脊梯田，此时正灌水插秧，天蓝得透明，水清得灵动，置身于此，你会觉得世俗的烦恼全是庸人自扰，人虽然和风景一样有高有低，但各具风采，做自己才是最好。”

Liying曾是《爱人》杂志社的编辑，她编辑过我的很多稿件，我们相识于微，相知于文，因为惺惺相惜，常常在夜半洋洋万言，聊文字、聊人生，当然也聊烦恼与开心的事。

一年前，她供职的杂志社说要改版，所谓改版意味着停刊，人到中年的她面临下岗，重新找工作，而且老公的公司也不

景气，孩子的成绩不好，似乎所有烦恼都集中在她的身上。

我曾经对她的未来表示过担忧。

她说："作为一名资深媒体工作者，我并不害怕换工作，因为这些年我一直兢兢业业，从不懈怠，积累了很多珍贵的经验和良好的人脉，我老公的公司虽然没做大，但他一直用心经营，保证我们衣食无忧，孩子虽然成绩不好，但他健康快乐。"

我突然觉得自己很俗气，用世俗的标尺来衡量她的快乐！她的快乐就是从未辜负过自己，在年轻时努力过、奋斗过，那份笃定是攻无不克战无不胜的，兵来将挡水来土掩，偶尔的坎坷与低谷又算得了什么？

林语堂说："一个人彻悟的程度，恰等于他所受痛苦的深度。"

金像奖最佳女主角惠英红就是这样的。在 4 月 10 日金像奖的舞台上，上台很短的路程，她却走得踉跄，直至呜咽，如她的人生——波折、困顿，又忽见星空。

网络评价她："老牌影星力压周冬雨、汤唯，爆冷封后。"却不知她的人生故事，远比电影还精彩。

她年少成名，红极一时。后来却因贵人离世，香港的武戏也开始下滑，一度被边缘，几乎没有戏拍，患了抑郁症，自杀过，被救了回来。

人生忽然像一座孤岛。

死过一回，她突然决定好好活下去，她说：“当我看到母亲哭得脸都变形了，突然就有了一种强烈的感觉，我必须好好活着，真正要强的人一定不会选择死亡。以前乞讨过日子都挨过来了，现在有钱有房子什么都有，只不过没了地位和名气，再争取就是。”想通了就好了，她放弃原先的辉煌，转型文艺片，去大学重新学习表演。

开始接的戏并没让她重新火起来，但她已变得淡定坚韧，那些最深的绝望让她一次次站起来，像铁线蕨，又像茇茇草，人生也重新变得丰富。

逆袭也好，重生也罢，最终因为咬紧牙关而活得越来越美，有一种置之死地而后生的从容。那些没有打倒她的，终于把她变得更加强大。

铁线蕨，是我喜欢的一种植物，它生在山谷，长得枝枝蔓蔓，又攀攀连连，带着桀骜不驯的样子。一年又一年春天时，任风景触目横斜，花朵千万，它却以一种野渡无人舟自横的情趣，不苟于世又风姿洒然。

其实，人和植物是一样的。

文友清扬婉兮，是一位 90 后的姑娘，她曾写过一篇刷遍网络的文章《想不开的时候，到医院走走》，原来她在走出校门不久就患了肾衰竭，在医院待了半年多的时间，中间经历了肺感染、肾移植手术和高钾酸中毒，在鬼门关绕了好几圈又回来。

她在文章里说："她的同龄人忙着买车买房，结婚生子，她却只想痛快地喝下一杯水，舒服地睡一觉。"

可是肾病患者，因为功能缺失，导致水分无法排出，被要求严格控制水分。历经暴躁焦虑，她一遍遍地对自己说："如果能够再活一次，我一定会心平气和，认真地对待生活和身体，做个温柔善良的好姑娘。"

所幸，天佑良人。

两年后，她等到肾源，成功进行了移植手术，半年的休养，让她重新拥有了未来。重生后的她认真地保持良好作息，清淡饮食，心平气和地过下去。

写作、上班、恋爱，结婚，偶尔她也如常人般焦虑生活的柴米油盐、三餐四季，但她学会了珍惜生命，静下心来写字看书，追喜欢的剧，洗菜做饭，和父母亲煲电话粥，寻常的日子终现美好，她的身体越来越健康，文字也越来越深邃。

几米在《希望井》写过："掉落深井，我大声呼救，等待救援……天黑了，黯然低头，才发现水面满是闪烁的星光，我总在最深的绝望里，遇见最美丽的风景。”

的确，漫漫人生路，没有谁告诉我们一生到底能遇到多少绝望，但那些不怕黑的人，总能等来光。

当然，也并非所有的努力都能换来世间的温柔以待。

电影《百元之恋》里的女主角一子说过：“我的人生只值一百元。”

这个遭遇过失业、强暴、失恋的大龄女孩，在接连遭受生活的暴击后，她选择了以拳击作为出口，然而这个出口也并非是通往胜利的道路。

主角的光环从来没有出现在一子身上，镜头对她十分残酷，她的失败变成一个个慢镜头——无力地呻吟，被打倒在地的窘态都被放大，被定格，并且完全没有一点绝地反击的可能。

她的一生，一直都很失败。

但这次的失败与往日不同，她在向对手挥舞拳头的同时，也终于向生活挥出了的拳头，她拥抱了那个将自己击败的对手，因为这场比赛让她燃起了对生活的斗志。

她终于意识到，是时候结束已经过了 32 年行尸走肉般的生活了，她想赢，很想，一次就好。

和一子一样，这部影片中出现的其他人也并非全是光鲜的，被一子仰慕的祐二、打败一子的拳手，都是一群在社会边缘与底层生活的小人物，这些人构成了影片的真实，使画面更有生活气息，他们平凡无奇，却也在努力活着。

电影结尾的字幕上，出现了这样一段话：“这场电影将要结束，请忘掉这样的我，今后的每一天，就算不拍成电影，普通地过每一天就好。”

今后的人生，或许依旧不精彩，但不再迷茫与堕落，一定能活出那属于百元的价值。今后的每一天，即使身陷沼泽，可是如履平地，我在等待着成功，却也不再畏惧失败。

记得《太阳的后裔》里有个镜头：姜暮烟看到震中伤员在眼前死去，哀伤难抑，一个人躲起来哭，柳时镇跟在她的身后安慰她，让她抬起头看天，在乌克兰刚刚震后的狼藉中，天空繁星闪烁、琉璃动人。

她说：“哇，真是没脸没皮，大地刚刚经历什么，它却……”

柳时镇看着这个勇敢留在震区的女人，她在死人堆里摸爬，在危险里进出，用精湛的医术与温柔的态度对待伤者，她有资格看到这么美的星空。

“我只害怕一件事情，我怕我不值得自己所受的苦。”受苦不怕，怕的是放弃，就像有梦想不够，怕的是不努力。

努力和自己相遇，每天都是最好的时候，因为只要还想赢，你就没有输。

就像这秋夜，开始落了雨，又慢慢地将路人打湿，有什么关系，我听到他在喊着：“我愿意啊，我愿意！”

幸好，我遇见你

1

五月的城，杨花碎碎落落。

那天，我陪外省回来的同学去看中学老师。路上，聊起师母，我的印象还停留在那位壮实黝黑的农妇身上。我记得老师曾生过一场大病，师母又是那样一个粗心邋遢的人，现在的生活想必糟心可见。

到了郊区，推开小院的门，墙角石榴花新绽，小院里还种着芭蕉，二进门是江南的木门，推开门有两把老椅子，已有了时光斑驳的痕迹，但老师神采奕奕地坐在那里，根本看不出是个曾生过大病、动过大手术的人。

他的一场病让师母变成了另外一个人，坚强，乐观，自知。

那些年，为了争取到丈夫的基本工资，她几乎天天要跑到教育局去找领导，她并不以凄苦的现状博人同情，而是拿着真实的病历争取最大的利益，当然看人说话，穿衣得体等，她都要学习。经常要去校长夫人那里坐坐，为了促进感情，更为了夏天能在学校里卖些雪糕冰饮赚些钱贴补家用。过去她不太会做饭，却为了照顾丈夫的肝病，学会了搜罗各种滋养的食谱，当然，在打点好这一切后，她还要接送儿子上学，照顾家里的一切。

听说，现在他们的孩子大学毕业后留在了外地，一切都好着呢。那天，送我们出门的老师不断地感慨："这些年多亏了你们师母，这个家还好有她。"

"还好有她"，饱含了多少感激、欣赏。

她也说："最亲的人都在身边，怕什么？"的确，时光流转，无论两个人角色怎样互换，只要你还在身边，就很好！

2

记得当年看黎戈的《闺秀的气质》，里面讲到陈寅恪的太太唐筼贵为台湾总督的后人，嫁给陈寅恪后，事事以丈夫为重，避居村野，当时为了给体弱的陈寅恪补身体，她还养羊挤奶，种植蔬菜。

当然，陈寅恪作为中国现代最负盛名的“最博学之人”，在没有遇到爱情之前，曾目中无人地轻狂过，认为“娶妻仅生涯中之一事，小之又小，轻描淡写，得便了之可也”。

却在多年后一次次对着妻子表白：“很荣幸，您是我的夫人。”

这个“荣幸”，却是有代价的。婚后不久，他们就有了孩子，她毅然辞去工作，这个坚韧的新女性开始了退居幕后的主妇生涯。

日本逼近清华园时，北平不保，他带着妻儿离开，踏上了流亡之路。那时，他的右眼因为高度近视和父亲过世时悲伤过度，已看不清东西了。

“家亡国破此身留，客馆春寒却似秋”，几乎在没有参考书籍的情况下，他撰写了两部著作，藏之名山，传之后世。

没人知道这两部著作背后的艰辛，他们住在简陋的茅草屋，不蔽风日，环堵萧然，粗茶淡饭，再加上用眼过度，导致他的左眼也看不见东西了，是夫人一直陪着他，成为他的双眼，熬过了那些苦。

她和他在一起，很少有安逸的日子，这一生他壮年盲目，暮年膑足，她却不离不弃，一直伴其左右。

“很荣幸”这三个字大概是最温暖最能打动夫人的情话

吧，就像老师说的“还好这个家有师母”是一样的。

过去，丈夫护她，生活是燕语呢喃的春天，现在她护着丈夫，骄阳当头，手臂当伞，虽然辛劳，但被转折的人生，有人能拼命承担就好！

《葡萄酒专家》里小城说过一句话：“我们要像爱葡萄酒一样爱人，也要像爱人一样热爱葡萄酒。”

但生活却很喜欢捉弄人。

主持人戴军曾讲过这样一段故事：有一年，他特意请了几对明星夫妻，做了一档夫妻恩爱的节目。

节目中，有一对夫妻甜蜜地讲述了他们的相处之道及恩爱秘诀，让现场的观众好一番羡慕。时隔6年，他突发奇想，把那对恩爱夫妻再次请过来，想听他们继续分享这6年来的幸福。可是，联系了一圈之后，他哭笑不得，原来6年前的那对夫妻早已离婚，反而当初那几对看起来淡然平凡的夫妻，还风平浪静地坚守在围城里。

他说那对秀恩爱的丈夫当时比较红，妻子在家相夫教子，日子甜蜜和美，只是6年间，那位当红明星出了事，演艺事业受阻，人开始颓废，甚至自暴自弃。那位妻子养尊处优惯了，承担不了这样的痛苦，提出离婚，令人唏嘘。

真是应了那句“夫妻本是同林鸟，大难来时各自飞”的俗语。戴军说，其实他们当时讲述的每一句恩爱都发自肺腑，但一生一世实在太长了，变数永远超过人们的想象力。

为什么在很多人感慨世间真情难求时，还有的人婚姻依然幸福？除了信任、理解、宽容，就是爱要说出来。

朋友在结婚几年后，一度以为婚姻出了问题。她讨厌他每天那么多应酬，那么晚回家，他也讨厌她爱絮叨爱流泪爱生气，甚至讨厌她爱吃的榴莲。两个人每天各忙各的事业，很少交流感情，生病了自己默默扛过去，委屈了一个人悄悄流泪，那种忽略与冷漠让她以为爱不再，情难寻。

直到有一天她出了车祸，才知道他还是那么紧张自己，把自己照顾得无微不至，似乎把曾经缺失的温情找了回来。三个月后出院回家，她对他说："谢谢你，对我这么好。"

他说："你是我媳妇啊，不对你好对谁好。"

过去嫌隙不见，她才明白并不是婚姻不好，而是婚姻里的人不好，它需要两个人用心维护，能同甘共苦，彼此之间不忽视，才能获得满满的幸福。

记得陈小春、应采儿夫妻拍的一个广告。

应采儿开心时、难过时、撒娇时、着急时都大喊老公，每天叫无数次，她问："你会烦吗？"陈小春说："从我们第一天交换对戒的那一刻起，我就是你老公了，烦过吗？我没有烦过哦！”

如果这就是爱，怎么会烦？

原来，世间最美的情话莫过于“亲爱的，我想一辈子这么叫你”。

“当然，这是我的荣幸。”

看你的房间，我知道你过得很好

度完婚假的北北小脸好看得像盛开的海棠花，看她的样子，仿佛春风一般动容，喜悦再也收不住了。

她邀请我们几个人参观她的新房。房子不大，60平，在老城区，顶楼。探头能看见楼下有初开的白玉兰，周围还有菜场、幼儿园，医院，环境嘈杂但很方便，我们几人挑着喜庆的祝福送给她，毕竟初入围城的小姑娘，想必内心是旖旎多姿的。

推开门，房间收拾得干净温馨，和外面黑乎乎的楼道有天壤之别，看得出花了不少心思。

“怎么样？姐姐，全是我的杰作，我老公没时间，全权委托我，再说了，自己的家必须亲手收拾，喏，这些全是我置办的。”她用手指着玄关的白色鞋柜和流苏窗帘，还有一进门的卡通情侣拖鞋，一副傲娇的样子。这个洋溢着喜庆的房间，告诉我这里正在开启一段美好的生活。

哈佛商学院经过多年的研究，发现一个现象：幸福感强的女人，往往居家环境十分干净整洁，而不幸的人，通常生活在凌乱肮脏中。

同样，在我的认知里热爱房子的女人，大多热爱生活。因为她无论从毛坯房的规划，到添砖置瓦的装饰过程，还有未来生活里保持的洁净，都需要无比用心。

我姐就是这样一个用心的人：

这些年她家的房子从20平的筒子间换成小两居，又从100平的三居室到如今的别墅，她一直都在快乐地折腾。

虽然每一次装修都等于扒了她的一层皮，比对材料、监工打扫，有时还要智斗装修工人。我姐夫就是那种乐当甩手掌柜，任由她折腾的人，当然他最大的优点是懂得适时地送上几句赞美与鼓励，俗称“马屁精”。

我姐很注重房间细微之处的修饰，她要考虑家里不同年龄的需求：比如老人的行动不便，室内尽量简洁，女儿房间要雅致，儿子的房间要新潮，整体布局还不能凌乱，加上吊顶高度、壁纸颜色、落地灯的造型，甚至各种绿植高低摆放，事无巨细，她全部亲力亲为。

我说这样太累，差不多就行了。

她说只装修不装饰的家是没有灵魂的。

当然，还有厨房，她强调自己每天要在厨房里待几个小时，要将付出变成享受，绝对不能将就。也是，每次在她家吃完饭，饭后喝一杯她鲜榨的橙子汁或是一杯自酿的葡萄酒，坐在舒适整洁的家里，感觉妙不可言。

一个女人最美好的样子，可以有很多种方式——衣着整洁，妆容精致，爱人优秀，孩子懂事还有才华。这些全都是加分项，但唯有房子才能体现出女人生活质量与人生态度。

很多女人抱怨老公不体贴，婚姻不幸福，却从不认真地收拾家，试想有哪个男人在外累了一天愿意回来面对一个乱七八糟的家？玄关处乱扔的鞋子，衣柜里乱堆的衣服，阳台上枯死的花草，厨房里油腻腻的碗筷，梳洗台上凌乱的碎发，待在这样的家里怎会有好心情？

如果你不爱收拾，至少要嫁或调教出一个爱收拾的男人，让他做饭洗碗，洗衣拖地，心甘情愿地听指挥，否则有那抱怨的工夫，倒不如将堆积的衣服清零，藏着的污垢擦净……

也有很多女人虽然收入不高，但心态好，每天将自己和家收拾得干净妥帖，让老公和孩子的幸福感倍增。

北北说，她的母亲就是这样一个人。

她说妈妈的少女时期，还没有壁纸和木地板，她就把磁带条抽出来贴在卧室的墙壁上，比白灰墙好看多了，床单与被罩是粉色碎花棉做的，门上挂的是挂历纸卷成的帘子，花钱不多，却好看很多。

她的母亲成家后，小家虽简单却不简陋。她在院子里用漂亮的彩色陶盆养小青菜、水培油菜和小番茄，种植蟹爪莲和风信子，每天给客厅换上新鲜的花朵，她用食物包装盒的彩色卡纸、厨房用剩的纸巾卷轴和塑料吸管做出可爱的杯垫和笔筒，熬夜用烧尽的蜡烛铝箔底剪成漂亮的星星，挂在圣诞树上，只为了看到北北早晨醒来时那一抹惊喜的表情。

妈妈喜欢来回挪动家具，经常将柜子和沙发换来换去，老爸也不厌烦，陪她折腾，甚至有一次衣柜太沉，担心她挪不动，还从单位叫了两个小伙子帮忙，偶尔北北责怪老爸太宠妈妈。

老爸说："你妈也是为了让我们住得新鲜舒服啊。"

后来他们在公园附近买了新房，妈妈更起劲地收拾，装修时特意将阁楼打出几个大大的明亮的天窗，让阳光照进来，墙面刷上她最爱的湖蓝色。当然，家里最大的亮点是书房，里面有半面墙的书，实木地板上散放着靠垫，还有一个咖啡台，一家三口每晚伴着书香、咖啡香，欢声笑语，想想就很美好。

北北的性格这么好，想必和相爱的父母分不开吧。

北北结婚装修房子时婆婆曾提出异议："简单刷白就好，等有了新房子再好好装修。"温和的母亲第一次提出反对，坚持要装修，并提出费用两家各负担一半好了。

她希望孩子们能住得舒服一些。

北北说，现在每天睁开眼看到一切都是喜欢的样子，她更加用心地收拾小窝。房子真的很重要，影响了居家的心情，所以她特别感谢妈妈培养了自己这份超能力。

很多女人都想嫁给一个能让自己幸福的男人，却不懂得拥有这份能力的是自己。

有很多人强调，女人不能太贤惠，要活出自我，其实这并不矛盾，它是能力，一种让自己和家人幸福的能力。

即使真的遇人不淑，也有一个人活下去的勇气。

所以，女人和女人的区别有很多：看脸，能看出你的精气神；看身边的男人，能流露你的修养；看孩子，体现的是妈妈的气度与格局；唯有房子，它藏了女人对生活的态度。

一个人，乃至一家人当下和未知的状态，都能从房间看出来。

“坐中佳士，左右修竹。白云初晴，幽鸟相逐。眠琴绿阴，上有飞瀑。落花无言，人淡如菊。”

女人的一生都是修行，养容颜，升气质，学家务，通世故，懂人情，永无止境，历久弥新。

如此，我们才能遇到更好的自己，遇见幸福！

辑六　好女人盛开在光阴里

好女人盛开在光阴里

1

杜拉斯说：“如果不写作，我会屠杀全世界的。”

看到这句话时，我正拿着茶杯，手里撮了一点儿茶叶，准备沏水，却不由得发起呆来。

当然，我知道她只是这么说说而已，如果不写作，她至多就是一个普通的女人，会结婚生子，也许会如许多泼妇一样叉腰骂街。但她说：“在文字里，我延伸着我的暴力，让爱情窒息到无处可躲，使我想哭的是我的暴力。”

这世界看起来如此美丽，得益于每一个人的优雅，这优雅和你喝什么咖啡没什么关系，而在于你对生命的真相了解多少。

所以，读书就有这样一种力量，让你悲，让你喜，让你从暴怒到安静，从忧伤到平和，然后遇见另一个自己——饱满，空灵，从容。

2

有一回读到茨威格的句子:“一个人和书籍接触得愈亲密，他便愈加深刻地感到生活的统一，因为他的人格复化了，他不仅用他自己的眼睛观察，而且运用着无数心灵的眼睛，由于他们这种崇高的帮助，他将怀着挚爱的同情踏遍整个的世界。”我将这句话送给了美女小玉。

那时，她的性格开朗，像《欢乐颂》里面的曲筱绡一样，因为成长环境复杂，活得曼妙多姿，又因工作关系，身边一度围绕着各行各业的朋友。

她每天都很忙，忙着呼朋唤友，夜月笙歌到深夜，一群人隔三岔五地凑饭局，要么就是和朋友结伴去旅行……

可是有一次，她喝醉了，哭着说：“你知道吗？夜深人静的夜晚，我还是会无故生出一种空虚和寂寞，整个人像悬浮在半空中，找不到落脚点。”

像剧中的曲筱绡花痴遇到帅哥赵医生，立马变身撒娇女王，各种撩汉手段层出不穷一样，她很快“活捉”了男友。

两人走到一起，但相爱容易相处难，“赵医生”是学霸，她却是混世魔王，泡吧喝酒是她的爱好，她说读不懂莎士比亚和王小波，却懂得被人嫌弃。

我说:“看书吧，它能让你安静，让你从容，让你从无到有。”

后来，她逐渐减少了交际与应酬，将更多的心思花在自己身上及身边那些更重要的人身上，雨天一个人待在书房安静看书，好天气就到图书馆读书，闲暇时和朋友谈谈人生和理想……再见时，她变了好多，看起来安静多了，过去的伤害也早已不复存在。

某天闲谈，她说：“我喝过女儿红、宁夏红，也喝过芝华士和威士忌，但是再浓烈的酒带来的后劲不如书带来的强烈，因为薄醉的女人的迷人带着肤浅，而读书的女人带来的质感却是永远。”

3

毛姆说过：“世界上没有丑女人，只有一些不懂得如何使自己看起来美丽的女人，时髦的装扮可以让女人变得漂亮，但她最大的美丽是内在的修养，多读书，通过读书培养一种区别与他人的品位和修养。”

就像杰奎琳，这个被誉为美国最得体、最有气质的夫人的女人，她最爱读书。女儿卡罗琳曾在母亲杰奎琳去世后，拍卖她的图书时说：“母亲给我留下最深刻的印象是她读书的样子，无论在城里冬日的下午，还是海边的夏日傍晚，她总是手不释卷。”

她喜欢阅读，从年轻到年老，从未改变。

这大概就是她有别于其他女人的地方，即使身处风口浪尖，抛开那些高贵的外衣，现实中的那些蝇营狗苟也影响不了她。看她的表情常常有退一步的感觉，仿佛有一道屏障将她与尘世的身份隔开。

其实，读书何止提升魅力，它还能改变命运。

默是我的好友，也曾命运多舛，母亲早逝，师范毕业后做了几年教师，后来成了家，爱人温柔体贴，日子从此春暖花开。

不幸的是，在生孩子时意外得知当初因为办助学贷款时，档案被学校扣留（本人并不知情），教师编制没入档，同样情况的教师全市大概有几十名，她一下子成了临时人员。

孩子满月后，她找到分管领导，回答她全是大环境所致，无能为力。或许人逼到墙角有后劲吧，她每天除了带孩子，就是看书，加上这些年，她从未放弃过书，过去的文字功底还在，所以，几个月后，她便顺利通过了一家事业单位的面试。

一起面临身份转换的教师们对她赞叹、羡慕不已，唯有她知道是读书改变了命运，这份改变，一如化骨绵掌，又如绵绵春雨，缠绵细碎，却湿地三尺。

4

很多人对于我走上写作这条路很讶异，毕竟我非科班出身，又人至中年，与所从事的工作有着天壤之别。

其实，我之所以如此，是因为我从读书中受益无穷。少年时看《红楼梦》，欣喜于里面句句惊艳，满是入心的句子，我这十来岁的少女，为宝黛发了疯，又伤了神。

看《半生缘》《小团圆》……才明白天才和庸才最大的区别就是：天才写出来的东西能不朽，庸才很快就成过眼云烟。虽然我一面骂胡兰成负了张爱玲，又一面看他的《今生今世》，想看他曾如何与张爱玲相爱相杀。

看到奥尔罕·帕慕克这样说：“我是一棵树，而我很寂寞，我在雨中哭泣……”又很快读懂了他下面一句：“我不想成为一棵树本身，而想成为它的意义。”

失意时，一遍遍用“冬天来了，春天还会远吗”来安慰自己。

……

读书，真好。

那份好，就像光阴里开出了一朵蓝莲花，看上去温婉，实则有一种强悍的风情，无人能抵，坚定地知道自己要什么、不要什么。

在人生悲喜和积尘缠绵的岁月里，逐渐有了力量。

5

读书，已成日常。

我喜欢“日常”这两个字，一点儿也不浮躁，感觉特别脚踏实地。日常多好啊，早晨起来，清水洗面，步行或坐公交车去上班，一天工作下来，晚上归家，琐事过后躲起来看书，心里总是欢喜。

罗素说过：“当我们老了，才知道，我们是有所惧的。”

这份惧，只怕是一生浅薄，没有底气。而读书能让女人拥有更多的语言储备，学会丰富的表达，拥有选择的权利，获得更多的自由与力量。

《傲慢与偏见》男女主角的第一次相遇，是在聚会上，而那个时候，达西对伊丽莎白是完全看不上眼的，因为她不够漂亮，但是很快他就改变了看法。

他也说不准究竟在什么时间、什么地点，看见了她什么样的风姿，听到了什么样的谈吐，让自己爱上了她。

那些“说不准”其实就是那份出众的气质——对有钱人达西来说，好看的女子多了去了，伊丽莎白的颜值再高，也绝对高攀不起。

但和别的女孩不一样的是，热爱读书的伊丽莎白，有着极为开阔的精神世界，阅读给了她自信，赋予她勇气，当然也给予她运气。

她与众不同的气质，分外动人，如高大的悬铃木在三四月伸出的新枝条，美成一片风景，然后神情旖旎地盛开一季又一季。

幸福
是有额度的

1

缺少经历的人很少有故事，没故事的人很少有情怀，没情怀的人大多活在现实和苟且里。

文友沫儿是上海一家外企的高级白领，月薪5位数，出差是家常便饭。朋友圈里，她不是徜徉在国外的街头，就是每天在国内的大城市飞来飞去，让我艳羡不已，怪自己没有她的能力，过上那种逍遥惬意的日子。

某天晚上，我随手在朋友圈里摆拍自己做的清粥小菜。

她立刻私信我："亲爱的，你饭都做好了？我现在还没下班呢。"

我问："怎会这么晚？"她说："这周的任务没完成，

PPT做了又改，改了又做，人都忙晕了。我现在什么也不想做，只想回到家扑在床上，而且明天一早我又要出差。”

我说：“出差多好，顺便能玩一玩，像我们这种单位半年也难得出去一趟。”

她立刻发来一个难过的表情，有些无奈地说：“可是有时候，我一周就要奔波于好几个城市。”她回忆起自己最忙碌的时期，上午开早会、盯管理、看成本，下午开业务会、出席活动、交流分析，此外还得不定期出差，停下来时还要钻研业务管理，尽力把工作和生活都平衡好，为了有充沛的体力与精力，还要坚持健身。

这段对话对我触动很大，记得以前她随口聊过，自己的工作看起来光鲜，实则工作繁忙、压力很大，导致神经衰弱，最怕休息时接到上司的电话，生怕将自己揪回去。

忽然明白，回报与付出永远是成正比的。原来那些聚沙成塔、水滴石穿都有痛苦等待和磨炼的过程，那些看起来光鲜靓丽的背后，都有着常人无法理解的疲惫与奔波。

2

聪明的女人从不去比较什么，而是试着去改变自己。

最近，女友常抱怨老公不听话，说他经常因为孩子、琐事和自己争吵。没有过去温柔体贴了。其实她的老公很好，只不过有时达不到她的要求而怨愤罢了。那天她在电话里很伤心地问我："老天爷为什么这样不公平？给我安排这样的男人？"

我问她："你想要的男人是什么样子呢？"

她十分神往地提到一个我们都熟悉的男人，说："要像他一样，事业好，性格好，对老婆温存又体贴。"

恰好我认识此君的夫人七月。她的确很幸福，家里没有婆媳纷争，没有姑嫂嫌隙，两口子看来也恩爱，每天都能听到她的欢声笑语。

其实，我也曾对她的幸福表示过羡慕。只是七月告诉我，他们过去也经常吵架，甚至冷战几天都不说话。痛定思痛后她开始改变相处方式，懂得避其锋芒、扬其光芒。

她一变，他也变得好相处，慢慢融洽起来。而且七月从不将家事外扬，因为她知道，这个世界里谁的生活都不可能一帆风顺，苦乐自知罢了。

的确，再美好的关系都有缺陷。所以当我们环顾四周，觉得所有人都很幸福，只不过别人的痛苦你看不到而已。而那些所谓的美好，都有过你未曾经历过的辛酸与痛楚。

3

女作家严歌苓，写出了很多我们喜欢的人物。

她被刘震云称为：“是擦亮过去的作家。”的确，从少女小渔到扶桑到多鹤、王葡萄，她笔下的人物——性感、卑微、轻灵，无论经历过什么，依然拥有美好的人性。

这些年，她的名字一直出现在畅销书架或改编的影视剧中。

谁曾想过，她的那本《第九个寡妇》上市时只印刷了一万册，都比不过当今自媒体作者写的书的销量。

无论怎样，她仍致命地吸引喜欢她的人，用她的作品、天赋、才华、自律和勇气。

没人知道，为了写好故事，她一直用自己裸露在外面的神经去感受别人带给她的“二手生活”。她说自己的神经有一种疼痛的敏感，凭着这能力、感受进入他人的生命状态，再用文字传达出来。

只是写作的这几十年来，她曾因抑郁性神经衰弱 34 天不眠，却依然坚持每天写作；也曾因文字艰深而被质疑质量不好而不敢上架。却不知她一直精益求精，写第一遍会删去很多字，改第二遍又删去很多字，仅《陆犯焉识》她就从 40 多万的原稿中删掉了 10 多万字。

时光如水，嵌藏着一个人的风骨。

无论生活给予过什么，她呈给外界的永远是挺拔纤细的身材、优雅的姿态，连交往了20多年的陈冲都没有见过她沮丧的一面，永远都是神采飞扬。

在那些我们以为根本无法渡过的难关里，云淡风轻，始终保有对生活的热情，她用文字告诉我们人生苦短，要学会尊重内心的真实，记取善良美好的力量，对人世的纷扰淡然处之。

何以终无言？她看透了世间所有的繁芜不过是烟云。

我看《大小谎言》的结局时，真是替塞莱斯特暗自捏了一把冷汗，如果不是她迅速做出决断，逃出家暴丈夫的魔爪，故事的结局不可能有戏剧的逆转，她可能死在丈夫的残暴下，死在自己的犹豫里。

人生苦短，快乐和生命一样珍贵。

所以，要快乐，不纠结，别迟疑。

4

生活！翻手为苍凉，覆手为繁华。

有一次听黄菡演讲，她说：“心情不好时，喜欢和几个熟悉的朋友打打小牌，又温暖又妥帖。”听到这儿，觉得真是家常般的排遣方式，让我对她油然而生出好感。

那天，她告诉我，陪同女儿散步时，走着走着，女儿突然停下来，很认真地看着她说："妈妈，我发现你都不会笑了。"

她一时怔在那里，不知如何应答。

她说："先生也曾在某天深夜拖着疲惫的身躯回家时这样说过自己，心里真的是翻江倒海，什么时候，我竟然不知不觉地成了这样的人——不会笑的人。在职场拼搏，笑意盈盈地周旋于各色人之间，带给亲人的却是一张毫无表情的'扑克脸'。"

记得松浦弥太郎在《笑容为生活保鲜》里曾说过，如果发现自己无法从心底笑了，那就是你必须审视自己内心的时候。

的确，成年人的世界好像连快乐都变得复杂了，不再纯真、简单、随性，甚至连情绪都由不得自己主宰。聪明的女人永远不会放大痛苦，更不会让小事在心头辗转，她们会审视自己，左手拎着苦难，右手牵着韶华，正视自己，拥有一颗接受或改变灵魂的心——而这，才是最重要的。

这样，才能在路转角，发现美好依然！

心态好的女人，自会得好的成全

1

一大早，小坏发了朋友圈，写道：“我不胖也没病，有工作有朋友，家人平安健康，6 月要去国外进修，生活简直不能更好了。”

照片上的她甩着马尾辫，奔跑在跑道上，扬起的脸闪着肆意的生机。

我留言：“爱生活的你，怎样都好看。”

不熟悉的人看到，一定以为她幸福得不得了。却不知，前不久她刚刚经历过父亲离世、男友劈腿、遭遇职场小人，生活一度跌入低谷。

但从未见她抱怨过，只是把签名改为：“生活是一面镜子，你对它笑，它就对你笑；你对它哭，它也对你哭。”仍然一身傲骨、一脸倔强地奔跑着。

时常见她戴着耳机，一边听昆曲，一边在东吴桥北头排队买黄桥烧饼，迎风沐雨，以昂然的姿态生存着，越来越美。

2

心态好的女人大都很幸福！

周姐就是这样一个女人，她乐观、豁达，唇角每天呈45度上扬，仿佛一不小心就笑出了声。

我问她：“你就没有烦恼吗？”

她说：“有啊，记得孩子刚刚上学那阵子，每天清晨忙到手忙脚乱，几乎天天迟到。心里烦，到公司第一件事就是和同事们抱怨生活的诸多不顺，回家后又开始抱怨老公懒、孩子不省心，久了家里时常充满火药味。”

有一次抱怨后，她不小心在卫生间的镜子里发现一张怨妇的脸，狰狞的表情，发怒的眼睛，吓了自己一跳。她决定改变，从不抱怨开始。

结果隔天从清晨就不顺心，出门找不到那件喜欢的白色小开衫，胡乱抓了件外套下楼，公交车又迟迟不来，更倒霉的是天不作美，晴天下起了雨。还没到公司就把不抱怨的誓言忘得一干二净。当负面情绪入侵时，她觉得自己除了抱怨什么事都做不了。

胸中积压了一天的情绪，她无法排遣，冲到楼下的健身房骑了半小时的动感单车，发泄一番，心情大好，顺势办了一张健身卡。大概太累，夜里居然睡了一个好觉。

未来几天都好，每当办公室里的几个女人习惯性凑在一起“吐槽”，她都忍住了，下班后继续健身。

从那以后，许多的不顺，都远了。

她说，我只想集中精力做好每个动作，期待也能像瑜伽老师那样将脚踝绕到脑袋后面去。

慢慢地，人不再消极，虽然进步只是一点点，却收获了身心轻快、神清气爽。

罗曼·罗兰说过：“怨怒燃起敌意，豁达重拾希望。”

是的，能把抱怨的心情化为上进的力量，才是真正聪明的女人。

3

成人的世界里，没有任何抱怨真的很难。

小刘是我们小区出了名的好人缘。老人喜欢，孩子喜欢，同龄人也喜欢。

因为她的性格心态俱佳，人又孝顺。她的婆婆偏瘫多年，躺在床上，被她照顾得妥妥帖帖。她的老公并不是独子，还有一个哥哥，可是从不伸手照顾，偶尔过来看一眼，有邻居替她打抱不平，一样的儿子，干吗都归你家照顾？

她笑笑，他们工作都太忙，我又没事，再说了家里有个老人多好！说得轻松，

其实所有人都知道她的不容易，只不过她从不抱怨罢了。

虽是家庭主妇，但每天家里上班上学的都离开后，剩下她要给老人喂饭，擦身，换洗衣裳……忙完这一切她常常累得满头大汗。

还要去买菜做饭，收拾家务，一天下来，浑身散了架似的。

好在她的付出，家人全都看在眼里，老公更加体贴，回家后抢着分担家务；儿子在她耳濡目染下，小小年纪就孝顺懂事，大概看母亲辛苦，学习也从不让她操心，一直品学兼优。

春天，天气暖和了。我常看到她用轮椅推着婆婆去附近的公园转转。夕阳向晚，余晕照在她的身上，真是越看越美。

不抱怨的女人，像时光里的旧锦缎，已经旧了，褪了色，但摸起来，依旧那么可心、温柔。

4

人活一世，不论男女，最终想要的不过是尘世的一份岁月静好。

努力打拼，表面是为物质，其实最真实的目的是实现内心对家庭、对情感的美好追求。只是，美好的向往，从来没有唾手可得的可能，因为生活里总有那么多的无奈，而这些无奈，让很多女人变成了怨妇。

心理学家说过：“如果抱怨超过一个度，会让你积怨更深，压力更大。”因为心理对身体的影响超出了我们的想象。

更糟糕的是，女性更容易因为眼界跳不出困局，从而越陷越深，这样只会让负能量层层叠加。

所以，聪明的女人会努力开拓视野，充实自己，内在不较劲，外在不抱怨。

佛家有个境界：“当世界无情时我多情，当世界多情时我欢喜。”

不抱怨的人生，自会得到最好的成全。

女人，
学会做时光的逆行者

我发现，很多女人的不幸，是因为不能拥有自我和独立相处的能力，却不知适时的独立能让自己舒服，也能让别人轻松。

驴友左耳在我的眼里是一位超级爱玩的女人。

认识她缘于端午假期探险安徽的原始山林，那是我第一次参加这种活动，全副武装后随队伍前行，当新奇感消失了才发现身上的背包很沉，头顶的太阳好晒，脚下的山路难走，抬眼却看到她像一只灵巧的麋鹿穿行于曲径，专注于对花草鸟虫的拍摄。

小憩时，我狂灌一瓶冷水后问她："难道你不累吗？"

她说："还好，这种强度对我来说并不大。"交流起来，我才知道她是户外高手，又是个摄影爱好者。每隔一段时间总要到人迹罕至的地方去，否则整个人就会无精打采。

她是银行职员，平时的工作比较呆板枯燥，多年前爱上这种休闲运动后上了瘾，每逢假期，就和驴友们背起40斤重的背包，扛着佳能相机，换上登山服徒步鞋，提着手杖行走山水间，攀悬崖绝壁，穿奇石溪涧，时常风餐露宿在世界的某个角落，给自然留下一个挺拔潇洒的背影。

她的身上有许多山野留下的痕迹：晒成古铜色的皮肤，指关节宽大而粗糙，当然还有她的阳光健康、开朗坚韧的性格。

她说："我最喜欢这种脱下高跟鞋换上跑鞋的淋漓尽致，行走野外，所有的烦恼我都能遗忘。"

都说："江山折断英雄腰，岁月催尽红颜老。"

但这个40岁的中年女人说话时眉眼含笑，脸庞发光，身上有一种迷之魅力。因为她超级会玩，所有心事都埋进漫漫旅途，职场外的疯玩成就了职场内的自律，她整个人看起来健康温暖又独立灵秀，有说不出的舒服。

女人，过了25岁以后，如花容颜仿佛凋零得更快了。虽然现在化妆术高超，让人惊艳的美女越来越多。很多女人为了美不惜散尽千金，玻尿酸、美白针、微调、细整看起来像个假人。美是美了，不生动，反倒是那些会玩的女人活得通透多了。

我的一位男同事出了名地爱老婆，每次谈起她，一个劲地猛夸，在他的嘴里老婆是天下最聪慧的女子，听得身边的女士们一脸艳羡，都迫不及待地想见到她，看看他口中惊为天人的她。

某天，我们无意在菜场相遇，远远地看着他们牵着手，慢慢地挑选菜蔬，她看上去不足150厘米的个子，短短的头发，稍胖的身材，小眼睛单眼皮，实在看不出来有多美，当然最讨喜的是她洋溢的笑脸。

听说她是小提琴老师，又偏爱读书，喜欢宅在家中，很多人认为宅女大多沉闷而无趣，但她却恰恰相反，一个人也能在家玩出花来。

她喜欢养多肉，虽然他偶尔笑谑她就是一株多肉植物，她也依然乐此不疲。我见过他在朋友圈里分享的图片，整整一个阳台，什么绿之铃、白牡丹、青凤凰、星美人……多得令人眼花缭乱。

她对那些植物极其熟悉，何时浇水，如何控制室内温度、空气对流，如何分盆、剪枝、换土，如何耐寒抗阳……

她没事时坐在阳台上对着那些多肉植物拉小提琴，他说家里的多肉因为听多了她的琴声都带着灵性，比别人家的要水灵鲜嫩。除了养多肉、拉琴，她还是个吃货，很多主妇讨厌的厨房因为她的会玩变成了兴趣场。

她会在周末埋头厨房两小时做一瓶草莓酱，为了一道烘焙反复试验，在果汁里添加不同的蔬菜，就连摆个果盘，也会摆成花朵或动物造型，然后再一口吞下去，说吃了个猫、咬了个狗，还学着发出各种叫声，弄得他感觉家里像进了一群鸭子，但枯燥的生活就此变得有趣起来。

现在，真心觉得她很美，也明白他眼中所谓的倾城色，是她的可爱吧。这份可爱给自己和身边人带去了笑声与希望。

很多女人恋爱时虽善解人意，但婚后却变得抱怨多虑，人生开始变得无趣。

偶尔看到杜拉斯的晚年照片，一直觉得不是她，她从前丰盈娇媚，眼角带着撩人的风情，年老后却变得坚硬苍凉，像一条风干的腊肉，少女的美丽渐渐蜕变为令人无地自容的苍凉，我看着她，像看一盘又硬又苦的腌制品，很怀念《情人》笔下那个在印度支那与中国情人初恋时灵动鲜活的她。

她说过："如果不写作，会屠杀全世界。"她称自己是一个分泌毒液的人，杀人的欲望是她生活中的一个常数，日夜与自己交战，这样的女人内心枯竭，充满暴力，才会老于绝望，美丽无存吧！

我喜欢那些会玩的女人。

因为她们大多胸怀豁达，擅长忘记不快，无论处于什么样的环境，仍怡然自得。能生出令人称道的兴趣、跳出妖娆的舞蹈、做出一桌色香味俱佳的菜。

她们自带美颜，永远洋溢着精彩、健康与丰盈。她们热爱生命，生活更是多姿多彩。

这个世界追求男女平等，女人却一味要求男人大度、宽厚、温暖，自己却沉闷呆板。其实，只要稍稍改变一下自己，哪怕偶尔的玩心大发，日子也会变得可爱起来。

一个女人除了社会性，还需要一种很私密的世界，学会与自己对话，只有这个自我的、私密的世界被满足，整个人才算得上圆满。要有雪夜抄经时的凝神，还有芭蕉听雨的闲情，可以在晚来欲雪时邀友共饮，更可以独自凭栏望一江春水东去。

在这个私密的世界，就像花草一样，完全没有实用价值与功利性，但好玩。只有它存在，才能在惯性的焦虑中，学会淡泊与知足。也因这份知足，人生有所依傍，才不会乱了脚下的节奏，从而活得温柔而敞亮。

愿你热烈地活着，策马扬鞭寻找属于自己的那片草原，生命里带着无悔，灵魂中带着美好，整个人生都散发光芒。

90 岁
也要恋爱啊

近期，俞飞鸿再次活跃在大众的视野中，先是在《悟空传》里以圣尊的形象回归观众视线，虽然造型冰冷雷人，却依然美;然后是在《十三邀》里以熟女的姿态，笑对许知远的各种调侃。

回头看看她少女时期的作品《喜福会》，弹指一挥间，二十年的光阴似乎没什么差别。46 岁的她仍有初见的眉眼，上翘的唇和浅淡的细纹，举手投足仍存美好，但更多的是历经风霜后的优雅从容。

她身上有一种镇定的美。

我们总爱说：岁月易老，美人迟暮。其实，并非如此，在荧屏上还有很多和她一样的女人，比如女神苏菲・玛索，唯一获得两次奥斯卡最佳主角和最佳配角奖的凯特・布兰切特；还有巩俐、女诗人阿赫玛托娃……

她们共同的特点就是越老越美，不论身份如何变换，也不管岁月怎样流转，她们的美始终能轻松地避过岁月的温柔刀，美得肆意又无畏。

我身边也有这样的人。

那天，居住在香港的Alice，在群里发了一张外婆的照片。外婆一袭大红的裙装，白发鹤颜，笑容可掬地坐在众人中间，竟是最耀眼的一个。

她说外婆65岁开始学游泳，学了一年才学会，大概是68岁时学跳舞，又学了绘画，她还喜欢化妆，喜欢穿漂亮的衣服，喜欢和外孙女Alice讨论口红的颜色和恋爱时的细节，去参加婚礼前总会发愁穿什么衣服配哪双鞋子。她的先生是个律师，爱做饭，她在先生面前永远像少女一样充满娇羞，从没有抱怨，一脸的甜蜜，连眼神都发光。如今80岁的外婆满脸皱纹，可当她开怀大笑时，连皱纹都那么好看。

我们都知道，年轻时的长相是父母给的，中年以后的容貌却是自己修来的。

但很多女人在中年就进入一个衰老期，混日子，每天无休止地追剧，穿梭于菜场扯闲话，计较蔬菜涨价了，钱不够花了，看人家穿得鲜艳一些就骂人家是老妖精，永远将自己裹在灰黑蓝里，生命也是一片灰暗。

却不知一个人把精力和时间花在哪里，哪里就成就生活品质，这样才能在不同的阶段有不同的美，哪怕60岁也如此。

比如60多岁的林青霞。她的美，给时代留下了一个印记，曾经戏路极宽，驾驭得了琼瑶的言情、徐克的天马行空和王家卫的城市迷离，这一页翻过时，我们还在怀旧，她却坦然地走了过去。息影后，她开始读书、写字，她说写文章不必用很难的技巧，只要把真性情写出来就可以了。

她内外兼修，才有了晚年的富足。

她说："如果你问我60岁有什么感言，我会说圆满，我有你们这么多好朋友关心，我有三个女儿和一个好老公，他们总是支持我包容我。"她的圆满是顺从自然规律，接受岁月洗礼，那是对一生传奇最高级的敬意。

沈嘉柯曾对她有过这样的描写："一个美人，到了暮年，不去微调拉皮，不去争奇斗艳，不喧哗骄横，不倚老卖老，不去卖弄学问，不去写书洗白过往，静静地为自己为过去的电影黄金岁月补白，只言片语记录下来，她做这么一件事，就已经很美很迷人了。"

岁月毫不留情，令容颜成为往事，所幸当流年褪去浮华，看透这世间所有的繁芜不过如烟云，斑斓到最后都不如有一颗纯粹饱满的心。

花朵怕凋零，美人怕迟暮。很多女人总以为靠化妆、靠美容针、靠面膜甚至换肤才能容颜永驻。其实不然，越老越美的女人从不回避坎坷与苦难。

女诗人阿赫玛托娃也是这样的。她不哀怨命运，不向苦难妥协，只为找到内心的宁静。

内心强大比什么都重要。阿赫玛托娃就是这样，不管时代怎么变，她都会把尊严放到第一位，我的命你拿去好了，但尊严我是不会丢的，你们永远记得那个穿裙子的我。

她说过这样一句话："我教自己简单明智地生活，写快乐的诗名，写生命的衰变和美丽。"她有亡命天涯的勇气，有不管不问的悲怆，同时也有和整个时代不一样的清晨和傍晚，她把一生过成了诗。

那天翻看诗集《请不要灰心呀》。作者是日本知名诗人柴田丰，这个 92 岁因为扭伤腰，跳不成喜欢的舞才开始写诗的老太太，她说写诗的时候没有在意自己的年龄，看到写好的书，忽然想起自己已经 100 岁了。

记者问她："你觉得 80 多岁还有爱情吗？"

她反问："你还有呼吸吗？"

她在《秘密》写道："不再抱怨什么，就是 90 岁也可谈恋爱啊。"激励了无数的年轻读者。

很多人怕老，生怕一旦春尽花残，便不能痛快地循着春光化去。这世间没有谁能躲过衰老，却有人用力量将人生活出了精彩。她们在年轻时拼容颜，老了开始拼内涵。那种人品、爱好与格局，满当当地沉淀在一个人举手投足的气质里。

首先内心要笃定，胸怀要宽广，思想要成熟，不能再有年少的轻狂和迷茫，也不能有年老的颓废消极，于天地间，睿智豁达。至于那些细碎的烦恼，丧了又丧的往事，在岁月面前真是不值得一提。

陈丹青先生曾评价女画家关紫兰："老来仍是动人，盈然浅笑，不见苦相。"原来，优雅不仅藏在走过来的岁月里，也和自己的尊严及秉持的态度有关。

香奈儿说过："在你20岁时拥有一张大自然给予你的脸庞，30岁时生命与岁月会造就你的美貌，50岁时你会得到一张你应得的脸。"

美，也是一样。

当你不能再拥有的时候，唯一可以做到的就是不要让自己忘记。

那么有一天，那些风物芳华都消失，你仍能长久恒远。

唯愿所有花开，都能指日可待

1

陷于深情的人，大多是傻气的，那份深情就像一墙茂密的小蔷薇，放肆地开着，拦也拦不住。

就像清华教授吴宓，他恋了一个女子一生，为她抛妻弃子，为她写无数情诗，为她败坏了名声，但她并不领情，在多年后记者问起时也只是淡淡地说了一句："他好无聊。"

深情到这般程度还落得个无聊的评价，真是悲情，他不知如何爱，才能真的让她动心。他问了又问，但那些话全是傻话，身边也曾有成熟精明的人劝过他，别那么用力，否则会伤心，但他还是用尽全力，把自己能交付的全部交付出去了……

最后活成了笑话，因为他不懂——爱你所爱的人，放弃不爱你的人。

很喜欢《欢乐颂》里曲筱绡和赵启平分手时说的一句话："我爱他，可是，我不会跑去找他，我要像戒烟一样把他戒掉……"她是骄傲的，也是聪明的。如果继续以前的套路，死缠烂打，只会让赵启平离她越来越远。

一段感情结束后，有些姑娘将姿态卑微到尘埃，却也挽回不了对方的心，反而弄丢了自尊与快乐，很难将爱情进行到底。

缘分走到尽头时，若能一别两宽，自是对彼此都好，但感情，有时并不是那么容易拎得清。

小米和前男友分手时，很痛苦，结束3年的感情，像失掉了半条命。还好他并非绝情之人，耐心地安慰她，要陪她走过这段日子，做一个最好的前任。可是没坚持几天，就被他删掉了微信、QQ、微博等各种社交软件的联系。

小米喜欢放大痛苦，分手后经常喝酒买醉，醉了就开始孟浪，有一次又喝高了，老板催着要打烊，她却不许，闹酒，和人撒泼，甚至要砸人家的店。

好朋友将她送回家，她将喝的酒全部吐在朋友背上，很丢人，更丢人的是不停地给他打电话，将两人分手的过程在电话里又重新走了一遍，她试图挽回感情，说着说着就哭了，哭着哭着就睡着了。

醒来后她看到手机上乱七八糟的语音和一连串的通话记录，知道自己刚刚度过一个难堪的夜晚，想发几句道歉的话，却发现自己被拉黑了，她哭倒在床上，知道自己给这场恋爱留下了一个最难看的背影，但却控制不了自己。

电影《阿黛尔·雨果的故事》里，阿黛尔决定漂洋过海地寻回自己的爱人，她在海边凭风远眺，一双美丽的眸子燃烧着毁灭性的执拗，念着咒语一般的誓言：千山万水，千山万水，去和你相会，这样的事情只有我能做到。

她抛下家人的宠爱，舍弃大文豪雨果女儿的身份，要追随爱人远到非洲。

但那个男人有着花花公子的本色，他不掩饰地说："认识你之前我有很多女人，认识你之后我仍然有很多女人，现在，我的女人只有更多。"

羞辱、刁难，但阿黛尔仍是不肯醒来，她明知对方薄情肤浅不值得爱，偏要爱。她说："有时候一个人就是会那样爱一个人，就算她鄙视他的一切。"说这话时，她立于一株盛开的木槿花前，珠泪滚滚。

对我而言，这部电影就像一块糖果，爱情是她的糖衣，心酸是她的滋味，然而，真正令我回味的，却是它向我传递的不朽的抗争的意味。

“爱你就像爱生命。”这是王小波写给恋人李银河的话。

恋爱时每个人都将对方视若生命，希望过得好，但分手后只能像个影子般存在，甚至连影子都没有。

只是爱丢了，或许还可以找回来，如果自己丢了呢？

2

我喜欢你，像风走了八千里，不问归期。但我离开你，才发现有些感情其实失去比拥有更踏实。

小露当初分手时，也曾小声地、哑哑地哀求：“别离开我，好不好？”

“抱歉，我已经不爱你。”甩下这句话，那人掉头离去，她回到宿舍哭了个天昏地暗。最痛苦的却不是这个，他们在同一所大学，不同系，奇了怪了，偌大的校园平时想遇见并不容易，分手后却时常遇见，林荫道、图书馆、食堂，甚至女生宿舍楼下，原来他新交的女友和小露住同一幢宿舍楼。

每次看到他等在楼下，再看着两个人嘻嘻哈哈地离去，看他故意装作不认识自己，她的心都碎了。

室友们看不下去，要给他一些厉害，她阻止了，她明白所谓的不合适只不过是那女孩比自己漂亮罢了。

她默默地躲着他们，学着转移情绪，和姐妹们逛街，更多的是泡在图书馆，她明白论风情自己比不过那女孩，论无赖要不过前男友，唯一能战胜的就是自己。她发现要做的事情实在太多，过去因为恋爱时忽略了很多学业，她拼命用学习充实自己，省得胡思乱想，她本来就是个骄傲的女孩，很快重新站了起来，对那人再也不问不说。

3

某天，走出图书室，远远看到前任站在合欢树下，有片刻的恍惚，好像很久以前的慢镜头，小露想回避，又觉得没必要，那个人早已迎了上来，搓着手说："小露，我送你回去。"

心里想问一万个为什么，但还是礼貌地说了一句："谢谢，不用。"

好朋友从身后跑过来救场，她才知道他的现女友劈腿另一位帅哥，两个人分手时撕得很难看，据说连他替女孩买的卫生棉、两人一起下小馆子的钱都算得很清，这些整天埋头图书馆的小露并不知道，但他却发现安静隐忍的小露才是真的好。

他再次出现在合欢树下，是第二天傍晚，他怀里抱着一束薰衣草——她曾经喜欢的花。

她站住，看着慢慢走过来的他说：“同学，你在等我吗？可是，我不记得你是谁了。”

留下目瞪口呆的他，转身离去。

有些女孩看似柔弱，却坚强得令人心折。

她知道好的爱情是不寂寞，不好的，宁可一个人寂寞。更知道，只有做一个灵魂独立的女子，才能看起来更加美妙。而她，做到了。

4

谁能保证爱情永恒？

它那般虚无，又那样邪性，可以从天而降，也可以立刻杳然无踪。

雪小禅说：“爱上一个人，等于爱上一个标本。”

的确，一定从他的身上看到了自己或者自己的一部分。爱情，大部分在寻找同类。可是，爱着的时候，一定似飞蛾扑火，扑过去，焚心焚身，最终，把彼此变成标本，放进光阴里。

其实所有的感情结束都有原因：“三观不合，对方忠诚度不够，自己不够好……”但无论怎样，失恋不等于失去自我。无论怎样的结束都要保持一个合适的姿势，很多人习惯放大悲哀，让自己活在过去，纠结于委屈，随时让它们盛装出席，时不时地出来折磨一下自己，久而久之使自己活到了尘埃里。

这个世界没有人能够伤害你，除非你愿意。做人要像林忆莲唱的那首歌：“像旷野的玫瑰，用骄傲的花蕊，去摆脱那四季的支配。”

人总要慢慢成熟，学会应对人生中的顺流与逆境，在绿洲与沙漠之间调试出属于自己的安稳天地。毕竟这个世界美好多过阴暗，欢乐多过苦难，有很多事值得你期待，也有一个人，正款款而来。

唯愿所有花开，都能指日可待。

不设限的人生，才能收获丰盈自由

有主持人在节目里问张艾嘉："什么是女人的味道？"

她说："女人的味道是要被品尝的，味道是来自自己人生的态度，怎么好好走这条路，那就是你自己的味道。"

张艾嘉这一生，和同期出道的女明星相比，最大的不同，大概就在于她从来不给自己的人生设限，也敢于将人生折腾到底。

但我们好多人，却躲在被设定的人生里，在既定的环境里读书、工作、恋爱、结婚、生子，步步对自己紧逼，却不知人生的乐趣，就在于高低的错落，曲直的并行。既然变化才是永恒，明天就无须设限，渴望的新鲜不如一一尝试，无论未来是好是坏，都可以大笑着奔向前去。

力克·胡哲在《人生不设限》里有一段话："你现在的生活或许一团乱，不知道明天是否会更好，但我要告诉你，只要拒绝放弃，就会有超乎想象的美好在前方等着你，请把焦点放在你的梦想上，尽你所能去逐梦，你有改变环境的力量，所以就去追求你真心的渴望吧，无论那是什么。”

一如出身名门的张艾嘉，自小接受严格的家教，却偏偏生了一颗叛逆的心，年轻时的她，想爱就爱，想结婚就结婚，想演戏就演戏，想拍电影就拍电影。1 岁丧父，母亲改嫁，由外婆抚养大的她并没有因为原生家庭的不完整而生出逆来顺受的天性，反而早早学会了忠于自己。

她也曾受伤，但她并未收起锋锐，反而在沟沟坎坎里摸爬，一直呈现出全然打开的状态，从年轻至年老，都是如此。

人生的无数种可能，大多发生在年轻的时候，年轻的时候，好像什么都来得及，除了拥有最好的记忆力，拥有最热烈的激情，最大的勇气和最美好的想象力，还有什么做不了呢？

最怕在美好的年纪里有一颗苍老的心，苍老是什么？是颓废，是无力，是抱怨，是胆怯，还有无能为力。

很喜欢日剧《我不是结不了婚》里的女主角橘雅，她一路奋斗，从学霸到拥有自己的诊所，她自信满满地去参加同学聚会，可是当大家知道她已经 39 岁了，还没有结婚，所有欣赏艳羡的目光全部都变成了同情。

于是，不服输的她用尽了一切方法及手段去证明一件事——我不是结不了婚，而是我不想。

女人，似乎生来就被世人贴上了标签与保质期。到了一定年龄，会被身边的人催着恋爱，催着结婚，催着要孩子。你若不从，你就会成为大龄剩女，再优秀也没有用。

而橘雅在她经历了初恋、姐弟恋之后，才意识到自己之所以被剩下来，正是因为自己优秀，自己把别人用来参加联谊、相亲、恋爱的时间，全用来拼学业和事业了，这种选择，让她终于明白自己那么努力，本来就不是为了嫁人的，而是为了拥有更好的生活啊。

事实上，橘雅也做到了，无论别人说什么，怎么看待自己，都没有关系。本来就不是同一种人，怎么可能拥有相同的命运呢？

一个聪明的女人，一旦不再在意别人给自己贴的标签，并自信地撕去它们，才会发现，这世上没有谁能真正困住自己。

我的一位读者朋友，一直在美国发展，她长相恬美，性子温柔，却偏爱中性打扮，一身休闲装，有人酸酸地说：“长得那么女人，为什么不能中规中矩地女人化。”她甩甩头，怎样打扮是我自己的事，我舒服就好，与他人何干？

两性生活中她亦是如此，老公事业发展得很好，想让她婚后做一个家庭主妇，相夫教子，可她偏不，因为之前在国内所学的传媒专业在美国发展很受限制，她不得已改了专业，从一名文科生变成了理科生，继续在斯坦福大学攻读第二硕士学位。

只是在这期间，她怀了第二个孩子，几乎所有的人都劝她放弃学业，权衡再三，她决定一边怀孕一边上课，她是那个专业里年龄最大的学生，每次大腹便便地出现在教室时，教授的脸上都会闪现一刹那的惊讶表情。

最难的是在怀孕9个月的时候，她需要参加一门3个小时的考试，考试前的很多个夜晚，常常看书到深夜三四点，老公很生气，常说她不要命了，太自私。

她咬牙坚持了下来，当最终完成所有的学业后，毕业典礼抱着新生的儿子上台领完学位证的时候，全场很多人起立给了她热烈的掌声，系主任给了她一个大大的拥抱。她看到丈夫也很动容，眼里闪着泪光，因为她是那一届里唯一个抱着孩子上台去领学位证的妈妈。

只有他知道她为了拿到这个硕士学位证书，付出了多少。

后来她在领域里经营得风生水起，丈夫也开始支持她的事业，医学博士的他不再有优越感，也可以每天早早地从试验室里回来带孩子，更感动于她对事业的执着，欣赏她的不妥协、不气馁。

其实，摧残美人的，除了岁月，往往还有婚姻里不体贴、不理解的男人，而成就女人的，唯有自己。

她知道，活着的就要做有价值的事情，最珍贵的选择一定听从内心，专注于喜欢，才能从中获得满足感，并赋予生活全部的意义。

这样才能一次次不停地重塑自己，终其一生。无论是张艾嘉还是我的读者，这么多年过去，别人不仅能看到她们所经历的故事，还能看到那些经历留在身上的痕迹。它是美的，值得拥有的人生。

但现实中很多女性，喜欢用妥协来解决人生中的困境。

将矛盾大多藏在心里，只能在难过压抑的时候，逃到工作中，再不济换一个城市去旅行，躲掉日常中芜杂的烦乱与焦虑，却从未想着真正的改变，也无法真正忠于自己，永远活在他人的期待中。

诗人玛丽·奥利弗曾经这样问过我们："告诉我，你打算如何对待你仅此一次的自由而珍贵的生命？"

张艾嘉有最好的答案，这一生，她不断地挑战自我，不放弃，不抛弃，用坚定的信念勇往直前，生活可以质朴无华，但人生一定要丰富多彩，灵魂才能充满香气。

那份香气能流芳百世，这样才能在道路漫长的过程中，有时间发生故事，哪怕这一生真的没人陪你颠沛流离，也要让自己以梦为马，心，有处可栖！